第

北、中、西欧洲

总 主 编：【美】K.弗兰姆普敦
副总主编：张钦楠
本卷主编：【德】W.王
　　　　　【德】H.库索利茨赫

20 世纪
世界建筑精品
1000 件

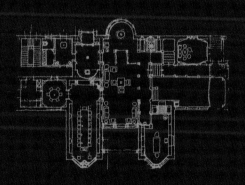

生活·讀書·新知 三联书店

20 世纪世界建筑精品 1000 件
（1900—1999）

总主编：K. 弗兰姆普敦
副总主编：张钦楠

顾问委员会

萨拉·托佩尔森·德·格林堡，国际建筑师协会前主席

瓦西里·司戈泰斯，国际建筑师协会主席

叶如棠，中国建筑学会理事长

周干峙，中国建设部顾问、中国科学院院士

吴良镛，清华大学教授、中国科学院院士

周谊，中国出版协会科技出版委员会主任

刘慈慰，中国建筑工业出版社社长

编辑委员会

主任：K. 弗兰姆普敦，美国哥伦比亚大学教授
副主任：张钦楠，中国建筑学会副理事长

常务委员

J. 格鲁斯堡，阿根廷国家美术馆馆长

长岛孝一，日本建筑师、作家

刘开济，中国建筑学会副理事长

罗小未，同济大学教授

王伯扬，中国建筑工业出版社副总编辑

W. 王，德国建筑博物馆馆长

张祖刚，《建筑学报》主编

目　录

1900—1919

|||||||||| *1920—1939*

ⅠⅠⅠⅠⅠⅠⅠⅠⅠⅠⅠ *1980—1999*

分区与提名的方法

难以想象有比试图对20世纪整个时期内遍布全球的建筑创作做一次批判性的剖析更为不明智的事了。这一看似胆大妄为之举，并不由于我们把世界切成十个巨大而多彩的地域——每个地域各占大片陆地，在社会、经济和技术发展的时间表和政治历史上各不相同——而稍为减轻。

可以证明，此项看似堂吉诃德式之举实为有理的一个因素是中华人民共和国的崛起。作为一个快速现代化的国家，多种迹象表明它不久将成为世界最大的后工业社会。这种崛起促使中国的出版机构为配合国际建筑师协会（UIA）于1999年6月在北京举行20世纪最后一次大会而宣布此项出版计划。

尽管此项百年评介之举的背后有着多种动机，做出编辑一套世界规模的精品集锦的决定可能最终出自两个因素：一是感到有必要把中国投入世界范围关于建筑学未来的辩论之中；二是以20世纪初外国建筑师来到上海为开端，经历了一个世纪多种多样又反反复复的折中主

K. 弗兰姆普敦
（Kenneth Frampton）
美国哥伦比亚大学建筑、规划、文物保护研究生院的威尔讲座教授。他是许多著名建筑理论的开创者和历史性著作的作者，其著作包括：*Modern Architecture: A Critical History* (London: Thames and Hudson, 1980, 1985, 1992, 2007)和 *Studies in Tectonic Culture: The Poetics of Construction in Nineteenth and Twentieth Century Architecture*, edited by John Cava(Cambridge: MIT Press, 1995, 1996, 2001)等。

义之后，中国有重新振兴自己建筑文化的愿望。

在把世界划分为十个洲级地域后，我们的方法是为每一地域选择100项均衡分布在20世纪的典范建筑。原本的目标是每20年选20项，每一地域选100项重要作品，全球整个世纪选1000项。然而，由于在20世纪头25年内各国的现代化进程不同，在有的情况下需要把前20年的份额让出一半左右给后来的80年，从而承认当"现代时期"逐步降临时世界各地技术经济发展初始速度的差异。

十个洲级地域的划分如下：1.北美（加拿大和美国），2.中、南美（拉丁美洲），3.北欧、中欧、东欧（除地中海地区和俄罗斯以外的欧洲），4.环地中海地区，5.中东、近东，6.中、南非洲，7.俄罗斯–苏联–独联体，8.南亚（印度、巴基斯坦、孟加拉国等），9.东亚（中国、日本、朝鲜、韩国等），10.东南亚和大洋洲（包括澳大利亚、新西兰、塔斯马尼亚和其他太平洋岛屿）。

这一划分一旦取得一致，接下来就是为每一卷确定一位主编，其任务是监督建筑作品选择过程并撰写一篇综合评论，对本地区的建筑设计做一综述。这篇综合评论的目的除了作为对本地区建筑文化演变的总览之外，还期望对在评选过程中由于意见不同、疏忽或偶然原因而难以避免的失衡做些补救。评选由每卷聘请的五名至九名评论员进行，他们是建筑评论家或历史学家，每人提名100项典范作品，由主编进行综合后最后通过投票确定。

我个人的贡献可以视为在更广泛的范围内对这种人为的地理分割和其他由于这一程序所必然产生的问题

进行补救。然而，在进一步论述之前，我必须说一下在总的现代化过程中出现的有争议的现代建筑和似传统建筑之间的区别。后者承认现代化，但主张以某种措施考虑文化延续性和抵抗性，因此被视为"反动的"。这样，人们会发现各卷之间选择的项目在性质和组成上有甚大的不同，不论是在设计思想上，还是在表达时代的技术和社会特征方面。

在这传统和创新的演示之外，另一个波动是更难解释的同一时间和地点发生的不同建筑表达模式，它们不仅在强度上不同，而且作为一种文化势力或运动的存在时间也大相径庭。为了说明这种变化，我们可以芝加哥的草原风格为例。它从 1871 年的大火到 1915 年赖特设计的米德韦花园（Midway Gardens），是连续发展的，但其后这一地方性运动就失去了其劲头和方向；与此相反的是南加州家居发展的长得多的轨迹，它从 1910 年 I. 吉尔设计的道奇住宅开始，到 60 年代洛杉矶的最后一座案例研究住宅为止，佳作延绵不断。同样，我们可以提到德国在 1905 年至 1933 年间特别丰产的时期，以及芬兰、捷克斯洛伐克同一时期的状况，其发展一直延续到第二次世界大战之前。人们也可注意到：这两个国家对激进现代建筑的培育离不开国家作为进步现代力量的概念。类似的意识形态上的民族文化轨迹在斯堪的纳维亚国家和荷兰的特定时期也可看到。

我们还可以看到与结构工程学相关的文化如何因时因地变化，在某个国家其技术潜力和优雅可塑达到特别高超的程度，而另一国家尽管掌握其普遍原理，却逊色甚多。于是，在 1918 年至 1939 年间的法国、瑞士、意大利、捷克斯洛伐克和西班牙可见到真正出色的结构工程文化，尤其是在钢筋混凝土领域，而英美国家在同一时期内却只有最实用主义的构筑形式。在英国，唯一的例外是工程师 E. O. 威廉斯的工厂建筑和丹麦流亡工程师 O. 阿鲁普的作品。在美国，混凝土领域的例外案例是巨大的水坝，特别是在田纳西河流域管理局以及在科罗拉多建造的巨石坝。

当然，在世界范围内，技术经济发展的速度是大为不同的，至今，还有前工业文化，乃至前农业、游牧、部落文化以这样那样的方式生存下来。同时，有组织的建筑产业连同建筑师职业实践在许多国家仅仅是第二次世界大战以后的事。这种前建筑师的建造文化，B. 鲁道夫斯基在他1963年出版的书中用了"没有建筑师的建筑"这一标题。今日在所谓"第三世界"中却出现了扭曲的反响，这里的许多大城市周围出现了自发移民的集合，自占的土地，没有足够的基础设施，也就是无水、无电、无污水处理等为人类密集居住场所保证健康生存所必需之物。对此，我们得承认一个严峻的事实，这就是即使在像美国这样的发达国家，每年建造量不足20%的部分才是由职业建筑师所设计的。

本卷主编
W. 王
H. 库索利茨赫

综合评论

整个人类的历史就是征服自然的精神的逐步增长的过程。这个自然既存在于人类的征服精神之外，又在某种意义上存在于这种精神之中。如果说在其他艺术中这种精神强迫自然表现出它所希望的形态，在建筑中它却使自然形成这样一种形体，一种内在的力量，仿佛是自然自己形成的那样，同时艺术的原则则在这样一个过程中显现出来。

——G. 西梅尔[1]

人们想从自然学到的是如何利用自然，以便完全控制自然和其他的人。……随着与他所控制的对象之间疏远，人类必须为不断增加控制的力量而付出代价。教化对待事物如同独裁者对待臣民。他了解他们只是为了驱使他们。他们的能力以这种方式被用来实现他个人的目标。

——M. 霍克海默尔和T. W. 阿杜尔诺[2]

导言

从理论的角度而言，凭经验在北欧、中欧和东欧选

W. 王（Wilfried Wang）
生于德国汉堡，在伦敦学习建筑学，后在伦敦从事建筑设计和教学。1986 年移居美国，在哈佛大学设计研究生院任教。1995 年至 2000 年任法兰克福的德国建筑博物馆馆长。

H. 库索利茨赫（Helga Kusolitsch）
在维也纳攻读历史和艺术史，毕业后在维也纳从事文化特别是建筑方面的研究。曾在建筑、建筑保护和建筑技术等领域工作，还是奥地利文化政策刊物的编辑。

择100座20世纪有代表性的建筑，可能有助于对自古以来所有人类活动领域的"自主化"过程进行反思。这一过程为不同阶段的文明提供了相对于环境（这种环境包括自然、时间、位置、文化和历史）的独立性，以及某一团体相对于社会中其他团体的独立性和个体相对于社会整体的独立性。

文明中的自主化过程是一个涵盖广泛的过程，它影响到所有的局部、每一个个体以及所有自然和人文的层面。这一过程建基于文明的理想，完全独立于自然的变化、社会偶发事件，独立于物质与精神的需要，最终导致人类复制自然甚至他们自己。这样一个自主化的过程的出现形成了导致后来的变化和现代化进程的力量，就像近两个世纪以来众所周知的那种普遍的发展[3]。

首先，这种独立于自然的变化和社会偶发事件的过程导致了机械文明。机械迷信，各种各样的工具、技术[4]、材料、刻意构筑的结构、系统，各种计算方法、量化方法、分析和研究以及精神模式等导致了当代文明和这种文明的物质结构。从最为广义的角度，建筑学中从想象中的方案到现实的房屋，包括差别极大的细部设计和城市设计，在这一自主化进程最初的阶段就已开始扮演自己的角色。

建筑的世界反映了一系列人类乌托邦的理想和自圣经中关于逐出乐园的神话发生之后人类挑战这种原罪的梦想，它试图借助那些舒适的器具来获得文明的进步。如果我们假定这一自主化的过程的确是社会组织和建筑创新背后的智力和精神力量的基础，这将有助于解释某些本质性的现象，如不断发展的专业化、重复进行的建筑分工、社会机构的激增、物质基础的扩大和形式的创造获得的可识别性，这涉及一些这一自主化过程所产生影响的重要问题。

从近来机械与技术的发展关系来看，建筑的进步预示着个体与集体通过形式与精神体系的相互融合而得到发展。因此建筑的历史见证了人们逐渐背离那种与环境和自然、气候及材料之间的相互默契。建筑本身已在这样一种劳动的分离过程中发挥了自己的作用，包含特定活动的围合体的激增由来已久，新的或经过发展的建筑形式的增加看来已成为20世纪的标志。

因此我们可以认为建筑技术的发展如果不是完全导致了文明的自主化，至少也部分地发挥了这样的作用，如使建筑从气候的约束中解放出来。人工供暖、通风和湿度控制在欧洲北部、中部和东部的广泛应用，已使这一地区的文明不再受气候条件的制约[5]，而对那些没有应用这些技术的地区则产生了负面的影响。

人工照明[6]已经以一种无限的方式扩展到建筑内部所有可能的部位，并已的确使世界变得室内化[7]，使个人退缩到自己的王国之中。因此天气和季节变化已不再重要，随着摆脱季节的制约，时间在很大程度上也已变得无关紧要了。

在从气候、日照和时间中获得自由的文明中，地点也变得不重要了。今天的居住区和建筑可以放在世界的任何位置上，无论是最冷还是最热的地方。

这一无处不在的文明所提供的这种可能性，已使得居住区或单幢的建筑由反映地区环境特征变得不再需要特定的形式，这种非地区化导致了文明的各个部分不再能够保持与它们的早期文化和各自历史的联系。

其次，在这样一个一些社会集团生活在另一些社会集团所划定的社会范畴内的自主化过程中，社会的统治阶层划定出了一些所谓病态的群体，如罪犯、"二流子"、智力障碍者、精神病和老年人等，并建立特定的设施对他们进行约束、改造、保护，甚至隔离，或在视觉上乃至于在肉体上消灭他们。

随着这种强制措施的制度化，一种共识产生了，即需要有更为不同的设施去收容无家可归者或者双亲都要工作的家庭的儿童。

再次，这种社会的自主化体现在个体的层次上[8]，可以指出的是个体相对于社会的独立，例如单人床、独立的单人卧房、单人住所、单人使用的汽车等被普遍接受。

在讨论自主化过程背后的知识的力量时，在建筑方面的探索可以包括论文和声明，事实上不晚于维特鲁威，人们已为实践探索和研究建立了理论的界限。[9]这并不意味着在20世纪中总是简单地以理论的推测为实践的先导。一种或一些建筑现象的形成往往有着多种途径和不同方面的影响，这些途径有些时候是清楚的，而另一些时候则可能连建筑师最亲近的朋友也大感困惑。

书面的文章，无论是建筑师自己写的还是别的有专门知识的人写的，在大多数情况下对建筑设计背后的那些影响因素的分析是不可靠的。想象与无常的日常生活之间的差异也影响到相关的文献，无论是宣言还是随笔，理论文章还是媒体的评论，或是信件和讲演。因此，建筑本身才是可靠和永久的文献，如果不说它们是客观证据的话。由于它们能够被人们所理解，又由于人们有这种去理解它们的能力，所以公认的想象与现象之间的差异表现了它们自身便是知识的可以想象的源泉。此外，也没有理由要求每个从事艺术活动的个体以同样的方法和同样的理解去对待论及的每一种形式。[10]在这种情况下，直接涉及建筑的书面文献是否仍然存在，已成问题。的确从来就没有存在过这样的文献，因此建筑自身可以作为重现创作过程的更为直接的对象，作为证明它们自己的最基本的证据。

下文两种建筑类型是描述过去一千年来文明史中自主化进程的实例（由于在这一时期中书面文献很少，甚至没有书面文献保留下来）。第一种是剧场建筑的发展。[11]这些实例有助于解释为了摆脱各种限制，如地形、气候、采光甚至功能，建筑是如何工具化的。如果说希腊的剧场大部分是与所在的环境融为一体的，那么由于广大的殖民地对罗马文化的贡献，罗马的剧场已变得独立于所处的环境了：赫然矗立的建筑位于城市街道形成的网格之间，这些建筑与其说是地形的组成部分不如说是城市文化的组成部分。文艺复兴时期，有永久性屋顶的剧场已能够进行晚间的演出，尽管采用的是原始的容易失火的烛光照明。启蒙时代初期完全封闭的剧场环境提供了一种推进现代政治进程的媒介，并预演了简单的通风系统和可变的舞台系统的发展。到19世纪中期，剧场的样子与今天剧场的样子已没有太大的区别，它所反映的文化间的有机关系已经成熟。今后，剧场表演理论的发展将促进这种建筑形制的形式和结构的变化，并且随着视觉和音响再生系统的使用以及完美的人工照明的实现，剧场的导演们又提出了进行根本性变革的要求，即"黑匣子"，一种适合各种要求的柔性封闭体，并已在20世纪中期形成。

虽然源自初期的与自然的和谐共生理念，20世纪后期的先锋派剧场已不再对形式感兴趣。它已摆脱了场地、时间、天气的限制，并已完全可能采用任何形式解决它自身文化和理论上的需求。

与剧场平行发展的另一种建筑类型是医疗和康复建筑，尽管它在时间的层面上要比剧院的历史短一些，但在这里仍要对它进行一个简短的回顾。从中世纪修道院的收容所到文艺复兴晚期的巴黎迪厄旅馆，再到克里米亚战争期间由F.南丁格尔护士和I.K.布鲁内尔工程师创建的战地帐篷医院，就可以认识到人类与环境之间关系的基本观念：健康的生活条件即新鲜的空气、充足的阳光、正确的膳宿规律可以保证人类的健康。

自主化过程的发展意味着人工采光、自来水、电力供应、空调的逐渐应用，建筑物也随之在病理学方面取得了自己的发展。于是，建筑综合征和军团病便成了两个典型的症状。

这种短期隔离体弱者和病人，以便用新鲜的空气和阳光来使他们康复的做法，促进了19世纪普通医院的发展和20世纪第一次世界大战之后，特别是在北欧、中欧和东欧社会为失去家园的人建造的大量住宅。肺结核疗养院（由A.阿尔托设计的芬兰的帕伊米奥疗养院或由J.杜伊克尔设计的荷兰的宗纳斯特拉尔疗养院）甚至学校（J.杜伊克尔设计的露天学校）都在这一时期被建造了起来，而这一时期的技术尚未达到20世纪晚期的复杂标准。

其他建筑类型也有同样的逐步专业化和克服日常不便的过程。在大多数情况下，可能看到某种类型达到了一定的成熟程度，或者说建筑能够表达一种对特定类型的功能的尊重，这也是对特定社会所产生的特定文化的尊重。无论是病人的住所、工作的场地、罪犯的牢狱[12]，还是无家可归者的住房，所有这些建筑类型在19世纪末或20世纪都达到了它们发展的高峰。

随着医疗方法和设备的进步，作为医疗机构的医院被认为变得更少地依赖物质的形式便可治愈病人；计算机和互联网的出现，对工作场所相互毗邻的必要性提出了质疑；由于社会对边缘人的漠视和监狱设施的不断发展，犯罪者重返社会的努力不断失败，这令人对以下的做法是否明智产生了怀疑：为了改变和消除他们的监禁压力，将不同心理要求的人集中在一起；居住在单功能公寓中的人变得孤独和没有个性，这导致了对功能分区思想的重新评价，因此，建筑的那种持续推动文明发展的能力在20世纪末出现了问题。

20世纪前半叶的一批建筑师，传播了一种通过当代的生产和强制的规划创造新的建筑的信念，他们主张放弃对历史上的形式的参照，他们的理想是同时面对大批量重复产生的窗户、建筑板材和公路，它们完全没有形式的来源，从而日益成为"贫乏的符号"[13]。这种现象，即建筑学中著名的现代主义，影响了文明的自主化进程中的整个建筑部分。基于与科学、经济原则之间的联系，第二次世界大战后，它以抽象派的极简的美学、结构的专业化、功能分区和集中能耗[14]为特征重新崛起。

虽然受到了当时进行实践探索的前卫派[15]的鄙视，两次世界大战之间（1918—1933年）的建筑仍然是按照传统的知识和巴黎美术学院的教育所造就的形式感觉建造的。随着新一代前卫的实践者和教师占据舞台中心以及形式和经济上理性主义坚持不懈和无情控制，曾经广泛使用的复杂空间、形式特征、立面和窗户的复杂轮廓及多种的建筑材料在20世纪60年代的一段时间中被一扫而光。如果说20世纪早期的建筑师们仍然有能力，也有兴趣去完善建筑的细部，例如门德尔松设计的肖肯百货公司所表现的那样，建筑的市场化和技术要素要求在建筑抽象化过程中占有一定地位，甚至门德尔松后来设计的柏林金属工会总部都表现出建筑师对前面提到的那些东西已失去了敏感性。

迷信用工具化的方法来解决社会文化及建筑无能为力的问题，并将之作为逃避这些问题的一种方法，就像另一种批判性的理性主义文明的工具不仅创造了像前面所提到的那样单一的建筑样式，而且总体对从建筑工业到居住结构产生了影响。

19世纪晚期大部分北欧、中欧和东欧社会的完全工业化和无产阶级化以及劳工居住和工作场所问题的出现导致了更多社会地位、生活条件方面的矛盾和冲突。这引起了对居住和城市问题的分析，并导致了理性主义重建模式的提出：建设环状的"花园城市"[16]，实现空间的相互隔离，以及新建分离的新城[17]，甚至在现存的城市结构中植入全新的街区[18]。

从战争时期开始，生产过程和生产场所中的空气污染已使人无法忍受并感到不安。于是这些生产场所被安置到了城市的周边地区。随着居住区和生产区的重新布局，欧洲北部、中部和东部的居住区之间的交通问题由不断扩展的道路网络和公共交通系统解决。因此这些地区形成了复杂的网络系统。这些网络系统形成的初期就由于其专业性而获得了相对自由的发展，直到完全的自主，彻底超越了"美"的制约。

20世纪60年代以来，随着私人汽车的增长和居住区的郊区化，欧洲北部、中部和东部出现了被称为"购物中心"的大型零售业设施。它们位于新的居民点周围，远离传统的城市中心区。这产生了双重的效果：一方面零售业更接近城市周边较富裕的居住区；另一方面，集中且内容广泛的商品和服务，使这些购物中心如同自给自足的岛屿，并与同样理想化的郊区独立式住宅相适应，迎合了中产阶级回归自然、自由自在的生活梦想。[19]独立式住宅和私人汽车大概是当代文明自主理想的典型象征了。购物中心的竞争优势还在于提供宽敞和免费的停车场，这种享受与在传统的城市中心难以找到停车位而且是收费的形成了对比。[20]

第二次世界大战以后到现在的几十年中，居民点的发展表现为向周围地区扩大，这导致一度明显的中心被随着时间的推移而发展的形态各异的居住体所溶蚀。伴随急速发展的非工业化而来的是被污染了的土地和废弃的工厂，以及那些依然居住在19世纪和20世纪建造的没有经济价值的、被忽视的住宅群中的失业工人。20世纪末的欧洲北部、中部和东部的居住结构仍表现出受高收入、低资源税收的短期经济模式的影响。这构成了建造环境发生变化的经济背景。

从城市无产阶级化到郊区办公和科技园的就业方式的转变，再到零售业方式的改变，具有引力效果的"生产"场所从城市中心向具有基础条件的周边地区中心点的迁移，不论相互之间存在什么样的关系，对于工作、居住场所地点的环境要求成为一种超出单一文化范畴的标准。办公区与科技园区不再是19世纪工厂区那种冷漠、粗蛮的景象，而是和谐地与环境结合在一起，成为无际、永恒的"英国式"的充满诗情画意的风景园林景观的一部分[21]。

作为对这种社会与视觉的向周边区域的扩散过程的战略性补偿，人们曾经寻求对传统城市中心的重振[22]和引进综合的功能，就像在20世纪最后的这些年欧洲北部、中部和东部的社区所采取的官方发展政策那样[23]。在某些情况下，城市中心的生活质量能够保持稳定，而在另一些情况下，年轻和富裕的家庭则放弃了所谓"市中心"和生活在这里的年老、贫困和需要扶助的人口。活跃、可发展的城市生活方式的图景变得比现实的、一切发展都是潜在的、不可见的生活有更大的吸引力，对年轻的单身城市居民来说，安全的离群索居比表面化的社会化机会更好受些。

由于如此集中地表现这些被选中的建筑，本书及其内容会给人造成错误的印象，即世界上有这样一个地区，从经济的角度衡量，舒适方便达到了从未达到过的水平，这在审美方面又保障并形成了一个相当高的标准。可悲的是：建筑质量水平是随着物质享受的提高而按比例降低的，忽略建筑的耐用性造成了只计算眼前利益的经济结果。20世纪初德意志制造联盟那保持社会与审美均衡发展的可敬的梦想，到了将要进入21世纪时已经屈服于没有灵魂的平庸的现实。如果说设计完美、工艺精良、价格合理并给人以舒适的视觉感受的工业标准化产品不是仅仅面向社会的中上阶层，而是面向作为一个整体的社会，那么在20世纪末由标准化所构成的全球化的力量都致力于产生越来越廉价的产品，所有的产品都被设计成外观富有吸引力，而不讲适用。它们为了满足无所适从、喜新厌旧和有钱的消费者充斥在无数零售店的货架上。

与生产领域完全一体化的计算机技术一道的是真正的毁灭性的生产力观念，它构成了对曾经造就它的这个社会的威胁。这种对生产造成破坏的力量是通过为降低成本而不断竞争形成的，是通过节省人工或材料消耗而发挥作用的，它逐渐排斥了迄今为止的与物质和审美相联系的生产过程。在传统工艺中，相对较高的人工费用是追求更快和更便宜地生产的主要攻击对象。这种追求的结果是从所有的传统生产领域中尽可能地消除人的劳动。这里的自主化过程已经表现出在宏观经济模式的概念中人类本身将变成自己发展的障碍。

20世纪末，在欧洲北部、中部和东部的社会经济中，虽然产品和服务已经饱和，却还在不断地发展越来越多的、稍有差别的、基本上是不必要的、引起欲望的产品。这是一种具有破坏性的生产力，它在寻求某种产品可能的最广泛的购买能力时以最低的价格作为目标，以满足顾客的要求。这种经济逻辑在作为个体的居民的范畴中已发展到了最为复杂的程度。一再被论证为值得拥有的文化性对象的独立式住宅，在16世纪A.帕拉第奥使其普及化之后，它所反映的城市理论又得到20世纪初期的宣传者，如E.霍华德、R.昂温、H.穆特休斯，以及德国、瑞士、奥地利的那些制造者同盟的支持；它以牺牲耐久性和长期的经济合理性为代价，能够迅速地建造，再加之低息贷款和免税的刺激，使年轻夫妇的家庭能够轻易地承受。基于对生态学充分的理解，独立式住宅数量的激增只能消耗更多的资源，产生更多的由私人汽车引起的交通问题。有汽车的郊外居民和较少拥有汽车的城市居民之间社会差别的增长，导致了传统的城市中心的衰退和社会结构的解体，北欧、中欧和东欧的政府并不鼓励居民向城市外围迁徙。

　　如果工业化也可以被看作推动突破自然和人类限制的文明的自主化过程的力量，那么它在建筑工业和工艺上的影响已经导致了从建筑物上消除清晰的表达和三维的效果，无论建筑上的装饰或雕刻是怎样的情况。这一结果的背后并没有机械逻辑的必然性，如同以19世纪的生产方式而言，铸铁构件与能够保持雨水管和窗框的完好之间的那种关系一样[24]。尽管如此，这里存在着对装饰的有机性和积极性的批评[25]，以及与工业化过程的联合关系。O.瓦格纳的乐观主义想法是短命的，他认为通过采用较少的材料和简洁的构造方法会节约经费，以便采用质量更好的材料。[26] 20世纪末的经济理性主义是以在建筑工业中保持降低建筑费用的无情的压力为条件，获得直接的满足和利益。瓦格纳对未来建筑性质预言的"板状表面"——他头脑中的石材或装饰面——变成了工业化的噩梦：20世纪60年代在东欧和西欧建造的大量预制住宅似乎在迫使它们的使用者或可以决定它们命运的人做出决定——是承担无休无止的维修费用，还是承担拆除它们的社会代价。

19世纪以来，如果把建筑物的耐久性和可适应性作为两项标准的话，建筑的质量下降了。在第二次世界大战军事技术取得惊人进步的刺激下[27]，建筑材料和技术往往没有经过充分的实验，没有对使用的后果进行评价就被实际应用。有毒的材料，如石棉、重金属以及塑料中的致癌物质（如聚氯乙烯窗中的二噁英添加剂），因此得以存在于建筑当中。而繁重费力的清除工作却要在发现已经使用了这些有害材料之后才会进行。与此同时，即便下降缓慢但却不断在降低的建筑标准也将给未来针对第二次世界大战以来建造的大量建筑在维护和资源管理方面的工作增加困难（在德国等国家中，这类建筑已占到建筑总量的1/3以上）。材料和构件的预期寿命的缩短，是20世纪60年代以来降低建筑标准的必然结果。因此，从全球的角度来看，欧洲北部、中部和东部的所有建筑，较之20世纪前半叶的传统建筑更需要加强维护。这不仅是针对比较坚固的19世纪建筑而言，而且也同样适用于20世纪60年代以后的建筑，对这些建筑而言，在新的21世纪它们将引起更多的关注。

在这样一种情况下，匠人的手艺技巧在保持地方经济和传统中的作用在进入21世纪后也降低了。占有优势地位的理性美学或客观性观点，不仅对逐步消除装饰，而且对从建筑行业中消除匠人的手艺技巧有着持久的影响。精确、耐用，大轮廓和细部节点，轻松的维护和更换，普遍采用的技术，所有这些都是便于以后的使用者和维修者能够更好地完全承担管理责任的要求，但所有这些在这样一个变化的体系中，在技术的复杂性和对专家的依赖不断增加的情况下，都出现了问题。早期现代派宣称的合理适当性、客观性，到20世纪末已完全走向了自己的反面。适当性现在已变成生产的核心标准，而不是使用的标准。当工艺技巧引起公众注意的时候，便变得以一种物质崇拜的方式与物质生产连在了一起。与其说这是包含了整体的和相互差别的总的建筑现象，不如说刻意设计的技巧性的细部变成了媒体鉴赏的对象。[28]这种对技巧性细部的特殊的关注，与纯净主义倾向所追求的形式上的极端表达[29]是截然相反的。它特别关注于工艺细节，强调建筑部件和技术进一步的专业化，强化这一领域已经存在的专业分工。

在整个设计服务的竞争环境中，这种专业分工和专业设计师的增加（包括针对不同类型的建筑，如医院、飞机场或监狱，以及建筑的不同部分，如室内、墙面系统、采光等的分工），并没有改变以二维图像作为媒介来表达设计意图的方式。这些二维的图像（而不是产生这些图像的原因）在出版物中经常作为对建筑作品的说明。这种关于图像的传统对于正统的建筑师和建筑评论家是一种有效的方式，他们关注构图的问题、形式的问题或视觉效果的问题要远远超过实际使用的问题。甚至在20世纪后期的数十年中，为了占据市场和产生品牌效益而追求单一的新的风格的做法也并不鲜见[30]。这种对个体的、集体的甚至全球风格的社会需求反映了作为商业策略的对专业领域的可识别性的要求。

与之类似的是，在20世纪后期的数十年中专门化成为系统化和职业化的组成部分。作为追求商业成功的措施，相对的独立性是自主化过程在职业领域的表现，也是专业门类自我解体的根源。与其他服务性行业不同的是，如律师或医生，他们所从事的行业中也肯定能够证明不同的知识和服务分支的增长，建筑行业仍然继续关注于作为个体的建筑师的创造性。保持行业必要的一致性需要维护最低限度的行业准则，这不是个人主义众多"自我"的汇聚所能满足的。因此20世纪末，在大多数北欧、中欧和西欧国家中，对保障基本权利、最低收费和服务的要求逐步淡化。建筑师不断准备撤出传统的为实现设计意图所进行的细部设计和现场服务等完整的服务领域。"设计师"作用的缩小是显而易见的。这使建筑师变成了外观式样的设计者，不再承担综合、有机地组织建筑各个部分的责任。伴随建筑师作用弱化的是项目管理官员、建筑和设备商、承包商作用的强化（他们来决定建筑的细节），以及其他诸如成本控制专家，技术顾问，立面、通风、室内、照明、声学等方面专家作用的强化。建筑师作用的这种弱化导致了知识和权威的丧失，而建筑师也不得不因此而放弃在不同要求之间的调解作用。

考虑到这些变化，从20世纪最后的岁月中选择建筑实例会更有价值。随着对100座建筑背景的简要描述，读者可以了解到每一座建筑不同特征的形成原因。由自然和社会生活的变化而产生的文明的自主化过程不仅能够从这些建筑自身的历史中得到表述，而且这一过程所产生的目的论结果可以一直延续到最近的建筑活动。建筑类型、建筑专业、如虚拟现实等的表现方法和建筑的视觉形象的分类，这样的建筑自主化过程便是这种目的论结果。

即使不表达特定的意图，100座建筑的选择已经展示了20世纪建筑的经典图景以及一些知名度较低的实例：公共的和私人的建筑、各种功能类型的大厦和来自广大而又富裕的被称为北欧、中欧和西欧的地区的不同建筑，尽管选择范围确实更侧重于中欧和北欧国家。无疑，这种选择是基于这一时期异常丰富的建筑活动，特别是两次世界大战之间，以及第二次世界大战之后北欧西部地区的经济实力。

从年代顺序上讲，这一选择注意到了地方意志，如国家，特别是带有神性地位的表达的变化。于是在斯堪的纳维亚，民族浪漫主义变成了辨别新的国家身份的焦点[31]。与此类似的是在匈牙利准备脱离奥匈帝国时，建筑成了很少掩饰的国家野心的载体[32]。英国的晚期维多利亚式和爱德华式建筑，德国的成熟威廉式建筑依次表达了追求各自政治地位的理想的努力。第一次世界大战所产生的强烈震撼可以描绘为几种不同方面的反应。第一种是探寻建筑内在的秩序，认为这种秩序存在于纯净化或去掉了一切装饰的古典主义当中（如O. 瓦格纳或P. 贝伦斯的作品）；第二种则被认为是产生于功能实用法则的功能主义；第三种则同时拒绝上述两种观点，代之以建立一个更广泛的文化基础，以使建筑能够更有机地与现代社会结合成一个整体（如H. 哈林的作品）。到20世纪后半叶，那些去掉了一切装饰的古典主义的信徒们发现他们自己转而赞同恢复古典装饰的正统地位，而那些接近功能主义的信条则演化成了一种极少主义的形式。大量20世纪晚期的建筑基于的是一种拥有广泛新功能的形式主义，它立即在这样一个有利的生长环境中成为一种专业性的、理性的和商业化完整的形态。这次的选择中并没有包括这样的作品。

如果大胆地猜测未来建筑的总体面貌，尽管采用一种批评和怀疑的态度，未来的建筑总会是高质量的，甚至可以与过去千百年所取得的那些伟大成就相比。尽管会有大量的建筑委托，以及20世纪后半叶北欧和中欧平均每年的新建筑量达到了建筑总量的1%—2%的发展势头，但高质量建筑出现的概率并不对等于机会的数量。同样，考虑到前面提到的专业和文化的分化过程和文明的自主化过程中固有的难题，并不存在增加出现不同凡响建筑的概率的环境。另外，就像20世纪两次世界大战之间的那一时期出现的情况那样，集体的努力对于发挥建筑作为不同利益之间的可靠的调停者和综合者的作用是必要的。

注释：

1. G. 西梅尔（Georg Simmel），《遗迹》，莱比锡，1911年，第2版，第125—126页。摘自英译版《遗迹》，《乔治·西梅尔1858—1918》，第259—260页，译者为D. 凯特勒（David Kettler）。

2. M. 霍克海默尔和T. W. 阿杜尔诺（Max Horkheimer and Theodor W. Adorno），《启蒙运动的辩证》，纽约，1944年，英译本纽约初版1972年，摘自1979年伦敦版第4页和第9页。

3. 脱离自然和社会偶发事件的这种文明自主化过程，必须结合从行为准则的开始起就发展的控制和施压过程。为说明这种社会形成的文明过程，参见N. 伊莱亚斯（Norbert Elias）的《论文明过程》，美因河畔法兰克福，1976年。

4. 与此有关的问题，参见L. 芒福德（Lewis Mumford）的《技术与文明》，纽约和伯灵格姆，1934年，第一章《文化的准备》，第10页及以后。

5. 参见人造小气候环境的发展，诸如宫里的柑橘温室、皇家花园的暖房或棕榈房，以及植物学机构等。与此有关的铁和玻璃，作为这类结构复合材料的发展，成了B. 富勒（Fuller）大型结构的先行者，如他的1967年加拿大蒙特利尔世界博览会的美国馆。A. G. 迈耶（Meyer）在其《铁建筑物》（埃斯林根，1907年）第55页中说："所有现代观念中的铁和玻璃建筑的本原都是暖房。"

6. 为综合讨论，参见W. 希维尔布希（Schivelbusch）的《美景》，慕尼黑，1983年。

7. 除去"室内"日益重要以外，过去若干世纪以来，公共场所已经逐渐变成一种被保护的——室内——环境了，例如剧场或市场。参见19世纪拱廊的兴起，它被W. 本杰明（Benjamin）称为"室内街道"，见他的《走道作品》，法兰克福，1982年，第1001页。

8. "现代生活的最深层问题，来自个人保存其独立性和其存在个性的要求，面对势不可当的社会压力、历史遗产、外部文化以及生活技术，原始人为生存而向自然界进行的斗争，在现代社会中出现了最新的变化。"G. 西梅尔，《大都市与精神生活》，1903年，转引自K. H. 沃尔夫（Woeff）的《乔治·西梅尔的社会学》，格伦科，1950年，第409页。

9. 此处可以有意思地指出：在自主化的次过程——建筑方面的理性化和机械化——的关系中，S. 吉迪翁的论文（《机械化指挥》，1948年），或者R. 班纳姆（Banham）的论文（《第一机械时代的理论和设计》，1960年）并不倾向于引用更悠久的历史格局，因而支持了这些过程的创造性方面的主流派观点，而不是强调更广泛发展的历史延续性。与本文的论述更为切题的是一些社会学家的思想，如前所引述的N. 伊莱亚斯。

10. 技艺熟练的建筑师知道如何分析一项设计，而不借助于广泛的文本，熟练的建筑史家或评论家也同样有能力根据建筑物本身，根据其历史和同时发生的情况，来分析一座建筑物，而不必等待其他人写的评论。

11. 例如参见E. 皮斯卡托（Erwin Piscator）对于他技术上可变的剧院起源的论述，利用其他媒介协同传统的演出，并在W. 格罗皮乌斯（Walter Gropius）的帮助下而得到发展，见E. 皮斯卡托的《政治的剧院》（柏林，1929年，英译本1980年伦敦出版，第178—200页）一书中之《皮斯卡托剧院的基础与发展》。

12. 与此相关参见R. 埃文斯（Robin Evans）的《道德的制造：英国的监狱建筑1750—1840》（剑桥，英国，1982年），其中改造者原来的目的与改造者的软弱无力形成对比，最终使建筑脱离了改造目标，同时建筑要为其他社会规划目的而工具化做准备。

13. R. 班纳姆，《第一机械时代

的理论和设计》，伦敦，1960 年，第 320 页。

14 例如参见 T. W. 阿杜尔诺的《今日功能主义》（法兰克福，1967 年，第 104—127 页）对于现代建筑价值的评论。阿杜尔诺指出，"没有形式是完全以其功能为基础的"，直接反驳极简艺术派所说的"功能决定形式"。

15 参见该时期几位主要建筑师的传记。

16 最早建议花园城市的是 E. 霍华德（Howard）的《明日的花园城市》，伦敦，1902 年。

17 例如参见 T. 加尼尔（T. Garnier）的《工业城市，建设城市的研究》，巴黎，1917 年。

18 例如，L. 希尔伯希莫（Hilberseimer）的柏林市中心规划、1929 年的腓特烈路，或是追随 19 世纪城市规划家豪斯曼（Haussmann）的足迹，见勒·柯布西耶（Le Corbusier）的《光辉城市》，巴黎，1935 年。

19 M. 米勒（Müller）和 R. 本特曼（Bentmann），《作为豪华建筑的郊区住宅》，美因河畔法兰克福，1970 年。

20 J. 雅各布斯（Jacobs），《美国大城市的生与死》，纽约，1961 年，特别是第 18 章《城市腐蚀或是汽车磨损》中绝妙的分析和批判。

21 参见《风景产品》中的文章，F. 阿奇莱特纳出版，萨尔茨堡，1977 年。

22 例如参见《现代建筑成就的出版物》中重建欧洲城市的企图，《理性建筑》，布鲁塞尔，1978 年。

23 到 20 世纪 80 年代末和 90 年代初的时候，欧洲大多数国家的政府都曾采取在市内混合其功能的政策，尽管在《雅典宪章》支持下制定的地方发展规划仍然坚持着。贯彻混合功能过程的政策仍在继续。

24 尽管大批制造装饰的威胁早被约翰·拉斯金（John Ruskin）觉察到，参见其《建筑七灯》（伦敦，1880 年）第 2 章第 6 节等处反对其使用的警告。

25 L. 沙利文（Louis Sullivan），《建筑中装饰》，载《工程杂志》1982 年 8 月，第 3 卷第 5 号第 633—644 页。以及 A. 路斯（Adolf Loos），《装饰与罪行》，维也纳，1962 年，第 276—287 页。

26 O. 瓦格纳（Otto Wagner），《现代建筑》，维也纳初版，1895 年，"论构造"篇。

27 参见主要国家战时的工业生产报告。德国在战时的 1943 年和 1944 年最后两整年里，总的生产达到了最高值，包括广泛使用集中营里的强迫劳动，尽管当时还在禁运战略物资，如石油和金属等。

28 例如参见 C. 斯卡尔帕（Carlo Scarpa）的作品已被公认的方法，以及从而产生的类似处理的变体，诸如设计家 P. 朱姆索尔（Zumthor）、G. 奥兰蒂（AUlenti）和 M. 博塔（Botta）。

29 例如，A. 路斯在其《走进空虚谈话》里世纪之交的诸文章中（巴黎，1923 年）要求简单形式，或 A. 奥赞方（Ozenfant）和 E. 让内雷特（Jeanneret）的宣言《立体主义之后》（巴黎，1918 年）。

30 后现代主义、文脉主义和解构主义是少数可能与建筑现象正式有关的称号，虽然其提倡者中的某些人拒绝描述其特征，或者在其标题下撰文，甚至否认这种风格的存在。

31 可用瑞典作为例子，A. 林德布罗姆（Lindblom）的《瑞典建筑》，斯德哥尔摩，1947 年，第 81 章至 82 章，第 921—934 页。

32 见 A. 莫拉文斯基（Moravaszky）《20 世纪建筑：奥地利》中《正面语言》，编者 A. 贝克尔（Becker）、D. 斯坦纳（Steiner）、W. 王（Wang），法兰克福，1996 年，第 13—21 页。

评选过程、准则及评论员简介与评语

C. 卡尔登比
N. 福克斯－米卡茨
O. 卡普芬格尔
R. 马克斯韦尔
A. 莫拉万斯基
M. 里塔－诺里
V. 斯拉佩塔

C. 卡尔登比（Claes Caldenby）

1946年生，建筑师，哥德堡的查默斯理工大学建筑理论与历史教授，《瑞典建筑评论》杂志编辑。曾经出版有数本关于20世纪瑞典建筑的著作。

评语

即使北欧的建筑只占20世纪世界建筑的1/10，从100年建造的建筑中选出100座"典型的"建筑也是一项十分棘手的任务。在做这项选择时，我采用了以下几项原则：

1. 优秀、新颖和影响大的优先于典型的，尽管典型性也是要考虑的一个因素；

2. 被选择的建筑的建造年代应当在20世纪中均匀分布；

3. 整个选择的结果不打算使被选择的建筑所在的国家在世界上达到均匀分布。一些国家被认为是比较重要的，而另一些国家则被认为是不太重要的。本人的知识有限，有某些偏差在所难免，希望能从其他评论员那里得到平衡。

选择工作的另一个目的是要通过选择建筑来记述那些有代表性的重要建筑师。对一座建筑的投票表决应当被认为也是对该建筑师的投票表决。本卷的编者们在从所有被提名的建筑中选择时必须考虑：对每座建筑只能投一票。

N. 福克斯 – 米卡茨（Neve Fuchs-Mikacs）

1947年生于奥地利的克洛斯特新堡，1975年获得萨格勒布工业大学建筑系建筑学学位，从1976年起担任萨格勒布工业大学建筑系副教授，从1977年起在赫尔辛基芬兰建筑博物馆和A.阿尔托建筑师事务所从事研究工作，1979年至1982年是意大利的乌尔比诺和锡耶纳拉丁建筑与城市发展学会（ILAUD）会员，从1984年起担任奥斯陆建筑高等学校S.费恩教授的助理，从1990年起担任奥斯陆建筑高等学校副教授，从1993年起在奥斯陆从事个人建筑设计业务。

评语

是选典型的建筑，还是当今的建筑？对这个问题我本打算多说一些，但又怕不能掌握得十分准确。因此，我只非常简短地谈两点对我的选择十分重要的标准。

1. 被选择的建筑应当是设计意图明确、工程已经完成、具有"真正的"建筑成就的价值和社会意义的；

2. 被选择的建筑应当具有实际、生动的潜力，我相信这种潜力与它们的空间品质和特征有关，通常被称作

"诗意"。

不论我是否喜欢，我感觉这种选择都是一种个人的事，就像是一座建筑的个性。

O. 卡普芬格尔（Otto Kapfinger）

1949年生于奥地利，1967年至1972年在维也纳工业大学学习，1970年参加发起实验主义艺术家团体"迷失的链条"；从事工程、电影、展览直至1974年，1974年至1984年与A. 克里沙尼茨合作从事规划和建筑设计，1979年参加创办建筑杂志 *UMBAU* 并担任编辑直到1990年；从1981年起从事建筑评论，1984年至1990年在维也纳的应用建筑大学室内装饰设计学院授课，曾组织过多个讨论会和创作展览（如"离乡背井的幻想家"）；1993年至1994年从奥地利的维也纳到美国作为期一年的文化旅行，1994年至1995年在法兰克福组织"20世纪建筑学——奥地利"展览；自1996年起在维也纳建筑中心担任科学规划协调人，1997年在奥地利的林茨美术大学担任客座教授。

评语

评选项目应为：

1. 在建筑方面出色和有创造性；

2. 在一个地区内或者在超出一个地区的范围，对建筑学的概念做出意义重大的发展；

3. 具有持久的影响效果，与短期的流行时尚无关，并能根据时代精神经常变化。

R. 马克斯韦尔（Robert Maxwell）

1922年生，1949年至1950年在利物浦大学土木工程设计系学习。皇家艺术学会会员，英国皇家建筑师学会会员，建筑协会会员，科学协会会员。马克斯韦尔 - 斯科特建筑师事务所及道格拉斯 - 斯蒂芬联合建筑师事务所顾问。1962年至1992年道格拉斯 - 斯蒂芬联合建筑师事务所的合伙人。1982年至1989年普林斯顿大学建筑学荣誉教授，1979年至1982年南加州大学巴特利特分校建筑学教授，1966年、1967年、1969年、1971年普林斯顿建筑与城市研究学校客座教授。

评语

每位提名人所做的必然是个人的选择，而我在做自己的选择时则遵循以下的原则。

1. 被选择的建筑之所以被认为是重要的，是因为它具体化了在其构思时尚未确定的文化趋向。因而在表现它所处的那个历史时期方面是有独创性的，并且有助于创造建筑发展的新主流。

2. 被选择的建筑应当通过自身简洁、优美或令人难忘的品质建立起明确的形式质量，并用这种形式表现它所处的历史时代。

3. 当追溯被选择的建筑的历史时，应当能够看到它在时代、地区文化和美学上的代表性。

除此之外，我在选择建筑时还力图造成一种平衡，使每个国家都能在20世纪的欧洲建筑史中占有一席之地。但是，我也不打算在所有的国家中都找到有代表性的建筑，因为我只能把注意力集中在那些我熟悉它们的历史的国家。

A. 莫拉万斯基（Ákos Moravánszky）

瑞士苏黎世高等工业大学建筑理论教授。生于匈牙利的塞克什白堡，在布达佩斯大学接受建筑学教育并获得博士学位，还在维也纳工业大学获得过博士学位（1980年）。1983年至1989年，担任建筑杂志《匈牙利人摘要》主编。曾经以客座研究员的身份在德国慕尼黑中央美术史研究院工作过（1986—1988年），在加利福尼亚州圣莫尼卡的格蒂中心担任过助理研究员（1989—1991年）。1991年至1996年，在麻省理工学院任建筑史客座教授。

评语

我曾经试图对"提名程序"文件中提到的所有国家加以考虑，但是当我列出最终的清单时，我才明白有些国家将不会被提名（我想强调的是：按照这份文件的建议，把欧洲分成两个区域也许有助于建筑史的编写工作）。

在选择建筑时，我不仅着眼于它们的结构是否优于当时大多数的建筑，而且更注重它们是否代表一种与众不同的质量。因此，创新的建筑形式是我选择建筑的第一准则。在大多数情况下，新颖的建筑形式是一种具有文化根基和能够传达社会信息的建筑幻想的成果，例如：K.恩设计的维也纳卡尔–马克斯–霍夫住宅区和赫茨贝格尔设计的建于阿珀尔多伦的中央贝赫尔保险公司总部大楼就是如此。

在选择中，我尽可能地对范围广泛的各种建筑风格、独特的成就和乌托邦式的经验做综合性的考察，而不是只偏好于某一种建筑语言或潮流。因为，正是由于多元化和在竞争中共存，才使得20世纪的欧洲建筑比其他时期更迷人和不同。L.克罗尔设计的建于沃吕沃–圣朗贝尔大学的医学系建筑、J.伍重设计的鲍斯韦教堂（丹麦）和马科韦茨设计的布达佩斯葬礼小教堂，在整个20世纪70年代的建筑当中占有它们各自不同的地位。我在选择中所寻求的是那些形式和细部清晰分明，选择和使用材料符合整体概念的典型建筑。

在本地区的一些知名的建筑明显地要被选中的同时，我还尽量把20世纪大多数研究和评述著作中通常被忽略的一些建筑包括在选择的范围之内，只要我认为它们具有和知名建筑一样的品质。但是，我不会仅仅因为一座建筑是在本地区的一个不太有名的国家中而提名它。

M.里塔–诺里(Marja-Riitta Norri)

1980年毕业于赫尔辛基工业大学建筑系，自1988年起任芬兰建筑博物馆主任，1981年至1987年担任《芬兰建筑评论》主编，自1980年起在赫尔辛基开办自己的建筑师事务所。1997年和1999年分别担任第5届和第6届密斯·凡·德·罗建筑精品奖欧洲建筑的评选委员。

自1981年起出版过几本有关芬兰建筑的著作，自1985年起担任过数次北欧建筑展览会的主任，自1977年起在芬兰和全世界的一些建筑杂志上发表过许多文章。

评语

1. 建筑所包括的环境比建筑本身还要重要："……即使是单独一座建筑，整体概念和新建筑结构赋予整个环境以紧凑协调的形象和清新生动的气息的能力，也是最重要和最令人感兴趣的方面。……出于某些理由，一个由相同的许多要素构成的建筑群看起来似乎比较有说服力——因为它给环境的画面增添了一种城市的宏伟风度……"

2. "……在选择中，我还有意地把一些建筑师和他们的创作倾向排除在外。大多数这样的例子属于用所谓解构主义的设计方法创作出来的建筑（如果能把某些建筑一起归并到这种名义之下的话）。它们让我感到有一些不舒服，它们之中的一些看起来几乎完全没有建筑的尺度，虽然它们可能包含一定的雕塑品位……我总是认为：注意力应当花在人的感觉，甚至建筑的功能方面。"

3. "……对于我来说，最困难的莫过于评估年代最近的建筑的品质。比起其他提名人来，最近时期的建筑的选择对我来说是一个意见不同的问题：在没有任何历史背景的情况下，很难找出一个客观的出发点，以便能从如此众多的新建筑里挑出重点。另外我还有一个特殊的问题，就是面对荷兰的新建筑我无法做出选择，因为它们都缺乏一定的深度。尽管它们都具有许多积极的品质，但是都不足以说服我……"

V. 斯拉佩塔（Vladimir Šlapeta）

　　1947年生于捷克的奥洛穆茨。曾在布拉格的捷克工业大学学习，1991年获得建筑科学博士学位。1973年至1991年任国家技术博物馆建筑部主任和在波兰、匈牙利、南斯拉夫、奥地利、德国、瑞士、芬兰、荷兰及英国展出的捷克现代建筑展览的发起人。1986年担任柏林工业大学客座教授，1987年担任维也纳工业大学客座教授。1988年首次访美讲学。1989年至1991年任国际建筑博物馆联合会（ICAM）总干事。1991年至1997年任布拉格捷克工业大学建筑系主任，1997年当选为副校长。1995年至1996年担任联合国教科文组织和世界建筑师协会所属的世界建筑教育委员会的委员。1997年被选为柏林艺术学院建筑部副主任。1996年为德国建筑师协会（BDA）荣誉会员，1997年为英国皇家建筑师学会（RIBA）会员。为 *Casabella*（米兰）、*Lotus*（米兰）、*Piranesi*（卢布尔雅那）等杂志的编委会成员。

评语

　　从20世纪北欧、中欧和东欧的全部建筑中提名100座建筑不是一件易事。简单的算术方法不能使用。不可能每年选一座建筑，也不能用每个国家建筑所占百分比相同的方法去均匀地覆盖整个北欧、中欧和东欧地区。

　　对于我，至关紧要的是找到一批人，他们所设计的建筑对20世纪的建筑争论产生过强烈的影响。我的选择目标要覆盖20世纪各种不同的建筑类型——从城市规划、风景设计（如珀尔齐希设计的水坝）和工业厂房，到文化设施、保健和体育建筑；从平民的住宅区、中产阶级的公寓，到富豪的豪华别墅。我的选择还要囊括主要的建筑倾向——从理性主义、有机建筑理论到现代古典主义。

只有少数几位伟大的建筑师获得了一次以上的提名，例如沙里宁、阿斯普伦德、格罗皮乌斯、路斯、普莱茨尼克（仅有的一位在北欧地区工作的地中海建筑师）、阿尔托、范德弗吕赫特、布林克曼、夏隆。

东欧国家（波兰、匈牙利和捷克）仅在第二次世界大战以后的一段短暂的时期和斯大林时代以前才出现在提名的名单上。提名的主要国家是德国、荷兰、英国和芬兰。

我有三项提名虽然不是新建筑，但都是极其成功的老建筑的改建和重建项目，而且它们恰巧全在中欧（布拉格城堡、慕尼黑的绘画陈列馆和位于萨尔茨堡附近的哈莱因的凯尔特人博物馆）。有一次我曾经有机会提名一座建筑，它从未被发表过，那就是珀尔齐希设计的萨克森州的克林根贝格水坝。它表现出了这位建筑师独特的天才，形式精练简洁，令人感到宏伟不朽并充满了幽默。它是珀尔齐希在欧洲建筑界中所起重要作用的有力证明。

罗小未（中方协调人）

生于上海。1948年毕业于上海圣约翰大学。自1980年起担任上海同济大学的教授，还以注册建筑师的身份从事建筑业务。她曾应邀到许多研究院和大学任教和授课，其中包括圣路易斯的华盛顿大学、麻省理工学院、哈佛大学、纽约的哥伦比亚大学、伦敦建筑学会的阿德莱德大学和研究生院、伯明翰大学等。她出版的主要学术著作有《19世纪和20世纪世界建筑》《世界建筑史图说（19世纪前）》《上海建筑指南》《上海的弄堂》等。她现在仍担任上海建筑学会名誉主席、《时代建筑》杂志总编辑、CICA会员和美国建筑师协会名誉会员。

项 ··· 目 ··· 评 ··· 介

第 **3** 卷

北欧、中欧、东欧

1900—1919

1. 证券交易所

║ 地点: 阿姆斯特丹，荷兰
║ 建筑师: H. P. 贝尔拉格
║ 设计/建造年代: 1885，1898—1903

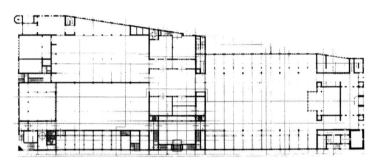

↑ 1 底层平面

经过一轮国际竞赛之后，贝尔拉格以他的布局密集的阿姆斯特丹证券交易所大楼的设计方案成功地脱颖而出。他的设计方案不仅把建筑内部的均衡性与当地如画的景色结合了起来，而且出色地把证券交易所这个庞大的机构安置在了这座位于阿姆斯特丹内城的小型建筑里。通过对雨水落水管的精心设计和安排，使这座建筑的西立面似乎总是在给人一种暗示：它与大街对面

一侧的比例是协调的。

毋庸置疑，意大利北部（特别是锡耶纳和那里的证券交易所）的建筑对贝尔拉格这项设计的最初形成具有一定的影响。在贝尔拉格的设计中，钢结构的能力得到了尽可能的发挥；屋顶的每个构件都显示出精细的比例，它们被依次安放在传统的西多会（法国修道士罗贝尔1098年在法国地方创立的天主教派——译者注）式的梁托上。实际上，贝尔

拉格在他的建筑设计中所使用的比例规划，大多得益于埃及人以及修道院体系所遵循的方法，就像当时在德国的博伊伦所教授的那些方法一样。

这座证券交易所大楼的许多独特的砖砌结构、石砌结构和锻铁部件，都给人以刚劲的印象，以致它们会让人想象成是用石头精雕细琢出来的。在起拱点、楼拐角、窗槛或基础这些关键部位，砖与石材之间独特的相互作用显

↑ 2 西南面入口外观
↪ 3 从北面看谷物交易厅

示出一种建筑结构之间的有条理的对话。因此，人们从贝尔拉格设计的这座证券交易所大楼中，可以感受到它所表现出来的建筑艺术上的完整性和体积上的优美匀称：建筑的每个组成部分都服务于整体，而反过来每个空间和构型又都来源于建筑整体。（W. 王）◢

参考文献
⋮

Singelenberg, P. , *H. P. Berlage*, Amsterdam, 1969.

↑ 4 从南面看商品交易厅

图和照片由荷兰建筑协会贝尔拉格收藏馆提供

2. 人民之家

‖ 地点：布鲁塞尔，比利时
‖ 建筑师：V. 霍尔塔
‖ 设计/建造年代：1895—1899（1964 年毁坏）

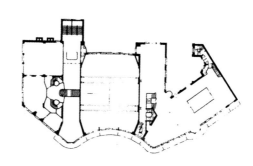

→ 1 二层平面

虽然人民之家是用19世纪的技术建成的，可是从布鲁塞尔市内和周围后来建造的建筑中，依然可以看到人民之家所包含的霍尔塔的全部设计思想和技巧。在这座工人合作社的会议厅里，十分明显地可以看到各处使用铁作为建筑材料。它表现了将阳光和空气带进这座沉闷大楼中每个日常活动角落的可能性。这个建筑里安置了工人合作社的管理部门、会议厅以及诸如咖啡馆之类的公共设施。人民之家的建造主要是依靠技术工人工会进行的，这对于降低建筑成本起了很大的作用。

在20世纪即将开始的时期，人民之家那种类似哥特式建筑华而不实的结构十分惹人注目，这是霍尔塔受维奥莱特-勒-杜克理论影响的结果。在那个时期，铁和后来的钢刚刚被当作正统的建筑材料使用，开始了逐渐从传统的建筑形象中解放出来的过程，虽然其利用铁型材的方式非常像20世纪后期的玻璃幕墙。所以人民之家在20世纪开始时引起争论是不会令人惊讶的，因为它在许多方面超前于它所处的时代。

为了使结构的作用更加明确和清晰，有机图解法深得霍尔塔的欢心。正是从 H. 塔塞尔、凡德维尔德和霍尔塔等人的设计中，可以看到花卉装饰正处于它的发展阶段。铁的柔韧性使它适合用于植物

↑ 2 主入口外观

形状构件断面的连接。人民之家的剧院中最引人注目的空间是用一座复杂的门式钢架精心地连接起来的。这个横跨整个建筑长度的空间嵌在主立面的墙角石之间，它处处的对称性使得建筑外形的分布更加简洁明快。作为一个完整的建筑构图，人民之家的设计没有屈从于理性主义简单化的功能或成本的

关系。因此，它和瓦格纳设计的维也纳邮政储蓄银行一样，可以名列现代建筑先驱的行列之中。*(W. 王)*◢

参考文献

：
Borsi, Franco, and Paolo Portoghesi, *Victor Horta*, Brussels, 1970.

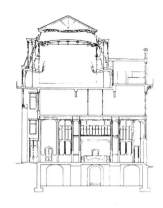

↑ 3 面向舞台的表演厅
↑ 4 顶棚构造详图

图和照片由布鲁塞尔的霍尔塔博物馆提供

3. 格拉斯哥艺术学校

地点: 格拉斯哥, 英国
建筑师: C. R. 麦金托什
设计 / 建造年代: 1896—1899, 1907—1909(西侧)

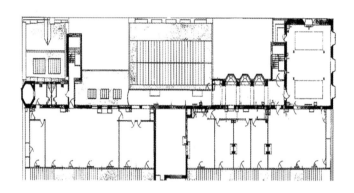

←1 二层平面

格拉斯哥艺术学校是一项最明确无误地背离正统古典建筑语言的建筑设计, 同时也是把镶在砖石墙体金属框中的大块玻璃组合在一起的一种尝试。锻铁细部与石材纯净的表面形成了优美的配合和对照。在这里, 苏格兰高地的民间风格与从意大利罗马式建筑的特色 (如门、窗, 特别是入口) 中吸取的要素融合在了一起。

在这所艺术学校西侧的建筑内部, 从各个艺术工作室到图书馆的一系列令人瞩目的空间, 都证明了麦金托什十分引人入胜的设计思想和技巧: 所有构件密集的重要建筑细节都笼罩在一片中世纪的光芒之中。在图书馆中, 木结构的各个节点充分发掘出了多重构件的潜力。在这一点上, 它们预示了后来诸如胶合层板之类的技

术发展, 以及使结构极其轻巧的网架结构原理。在画廊中, 结构的大小构件是如此各具特色, 更给空间增添了微妙的气氛。

麦金托什的设计思想中还涵盖了有关家具和装饰细部的设计。因此, 在总的艺术建筑设计的意义上, 格拉斯哥艺术学校是一个开创了艺术完整性的主要典型范例。(W. 王)

↑ 2 主入口外观

参考文献
：
Howarth, T. , *Charles Rennie Mackintosh and the Modern Movement*, London, 1952.

↑ 3 西立面外观
← 4 西北立面外观
← 5 麦金托什工作室（原校董会议室）

图和照片由格拉斯哥艺术学校提供

4.E. 路德维希住宅

|| 地点：达姆施塔特，德国
|| 建筑师：J. M. 奥尔布里希
|| 设计／建造年代：1899—1900

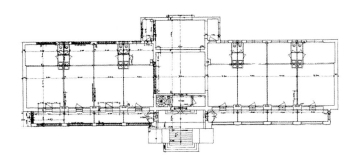

→ 1 底层平面

1899年，E. 路德维希·冯·黑森大公计划在马蒂尔登山区建立一处艺术家聚居区。对这个艺术家住宅建筑群，大公的要求是：要能激发艺术家们的创造性，使他们能在日常生活中实现完整的艺术理想。为维也纳"青年风格派"设计过精美建筑而知名的 J. M. 奥尔布里希成了这处艺术家社区建造的中心人物，并且领导了这个聚居区的整个规划工作。

E. 路德维希住宅建成于1900年，正值艺术文献展览会举行之际。奥尔布里希把这所住宅建在了马蒂尔登南山坡的高处，位于艺术家们相互联系的住宅区的上方。这座艺术工作室兼住宅的南立面十分有代表性，它的走向与山坡平行，面对着路德维希山的秀丽景色，视野十分开阔。其"圆拱形"的中央正门的两侧，矗立着两尊分别代表力量和美的巨大石雕像。这扇正门占据

了这座横向较长的建筑的南立面的主要部分，它的四周被金色的拉毛抹灰装饰所包围。这座正门门楣上的雕塑和雕刻，堪称这个艺术家社区在新艺术运动上的宣言。

严格的对称规律使这座住宅的建筑结构和装饰独具特色。两层的庆祝活动大厅形成了住宅底层的中心。一排横向的低窗采光的走廊，贯穿了整个房屋，形成了通往艺术工作室的通道。一排倾斜的玻

↑ 2 奥尔布里希工作室

璃窗，从北面为两层的艺术工作室引入光线，邻近的主人房间和卫生间与这些艺术工作室完全隔开，但又相互连接。在住宅的底层，设有管理间、娱乐室和一些辅助单元。

艺术工作室连续延伸的玻璃窗、明快清晰的立面布局和预先考虑了日后功能因素的地板结构，都使得E. 路德维希住宅成为当时新艺术运动的一个重要的典型。

（H. 库索利茨赫）◢

参考文献
⋮
Olbrich, Joseph Maria: 1867-1908, Catalogue, Darmstadt, 1983; Olbrich, Joseph Maria, *Architektur von Olbrich*, 30 Mappen, Berlin, 1901-1914(Reprint Thüringen, 1988).

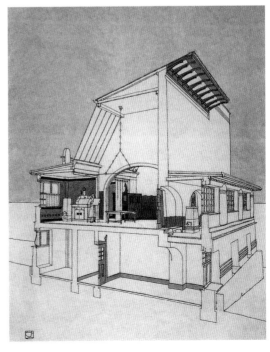

↑ 3 主入口外观（马蒂尔登学院提供）
↳ 4 透视剖面

除署名者外，图和照片由柏林艺术图书馆提供

5. 维特雷斯克住宅

地点：基科努米，芬兰
建筑师：H. 盖塞柳斯，A. 林德格伦，E. 沙里宁
设计／建造年代：1901—1903

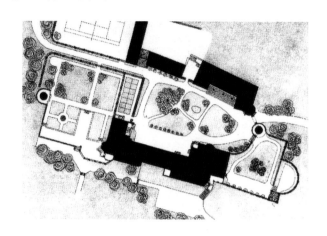

← 1 总平面

盖塞柳斯、林德格伦和沙里宁三人早在大学学习期间就已经互相结识，他们甚至在毕业以前就已经成为建筑设计合伙人，并且作为多座别墅的设计者获得了早期的声誉。在1901年，他们决定为自己创造一个隐居处，在大自然中寻找一块地方，三个人像组成一个公社一样去生活和工作。他们终于在一个森林覆盖的山脊的顶部找到了这样的地方，从那里可以俯瞰山下的维特雷斯克湖。从1902年到1903年，他们设计和建造的一个由工作室和住宅组成的多样化的建筑群陆续完成了。

这是由几座单独的住宅形成的一个完整的建筑群，它与周围的自然环境和谐地融合在一起。主楼的长墙看起来像是长出来的陡峭岩石山岗；住宅最底层外部凹凸不平的岩石给人以同样的印象，其粗糙、结实和大块的外观与光滑的抹灰的住宅上层形成强烈的对比。一系列的阳台、露台和凸窗形成了多样和通风的立面。因此，从湖边向这所住宅望去，会令人产生一种近乎悬空的印象。一座雄伟、质朴和非方形的原木搭成的木塔高耸在住宅的北侧，使整个建筑群的布局显得更加均衡。连续延伸的屋顶雅致而又引人注目，把单层的工作室与木瓦覆盖的主楼南侧连接起来。从住宅的外面可以看到住宅的内部：不同的

↑ 2 从湖边看住宅南面外观（芬兰
建筑博物馆的 H. 卡里提供）

层次和顶棚高度，墙上的壁龛和拱顶，创造出了一种流畅的、空间延伸的效果。

这所住宅的设计者们还特别注重建筑的装饰，他们熟练地运用了各种传统的装饰技巧（拱形结构的门道，柔和弯曲的墙壁表面，半圆形的梁托，光滑的木头柱子等），从而创造出了一个能产生立体感的建筑整体，并且这个整体中的各个组成部分之间能够互相充实和交相辉映。这所住宅的内部，还装饰有嵌入式家具、贴瓷砖的壁炉、顶棚上的壁画和一直下垂到地板的装饰华丽的芬兰传统窗帘。依靠把所有这些内部的和外部的装饰细节都当作一个建筑整体的一部分加以认真处理，这所住宅才成为一件完整的艺术作品的理想范例。

在这所住宅的设计中，三位建筑师坚持了使建筑简洁和耐久的美学

↑ 3 小楼（芬兰建筑博物馆的 H. 卡里提供）
← 4 餐厅壁炉一角（芬兰建筑博物馆提供）
← 5 餐厅（芬兰建筑博物馆提供）

思想，深思熟虑地选择和使用传统的材料，在工艺质量上则是追随英国的工艺美术运动潮流。无论如何，建在维特雷斯克的这所住宅的独特外观，仍然代表了由民族传统与国际影响相结合而创造出的一种芬兰当代建筑的独特风格。*(H. 库索利茨赫)*

参考文献
:

Ritva, Tuomi, *On the Search for a National Style*, pp. 56–96 in Abacus, Helsinki, 1979.
Albert, Christ-Janer, *Eliel Saarinen*, with a foreword by Alvar Aalto, 2nd ed., rev., University of Chicago Press,(1948)1980.

↓ 6 起居室（R. 特雷斯凯林提供）

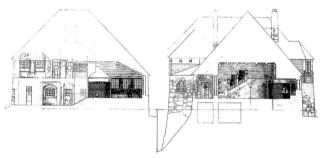

← 7 工作室内景（德国建筑博物馆
　 档案室提供）
← 8 住宅南面剖面（芬兰建筑博物
　 馆提供）
← 9 住宅北面剖面（芬兰建筑博物
　 馆提供）

6. 圣约翰主教堂

> 地点: 坦佩雷, 芬兰
> 建筑师: L. 松克
> 设计 / 建造年代: 1902—1907

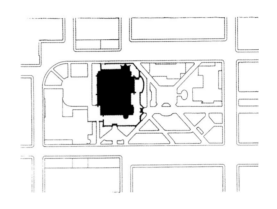

　　圣约翰主教堂是对于有一条大步廊的哥特式教堂形制的一种大胆的、美丽的新解释。L. 松克在30岁时设计的这第二座教堂，由于把艺术与建筑结合在了一起，成为一座有影响的民族浪漫主义建筑的典型。粗琢石砌体的粗糙外观，与构造形式的精确轮廓取得均衡。低矮的入口大门和浅拱是高大的室内的前奏，室内有着从巨大花岗岩柱上升起的类似哥特式的肋架拱顶。看起来暗淡的砖砌拱顶，由艺术家 H. 辛贝格用羽毛和花卉图案精心地加以装饰。圣坛的背屏饰和步廊墙上的壁画是 M. 恩凯尔绘制的。

　　在主教堂的形式和绘画方面，到处可见中世纪的影响，但同时它精致复杂的空间和精确的建筑施工，又预示着高度工业化时代的机械加工精度。在一种几乎是偶然的情况下，松克把当时还很新奇的电灯带进了这座主教

↑ 1 总平面
↓ 2 拱顶和走廊（E. M. 斯塔夫提供）

堂。于是，在这里，两个世界相遇了：一种代表着前进的时代，另一种是忧郁地想把过去转化成现在的愿望。

这座主教堂的许多建筑细部至今仍然会使观察家们感到惊讶：圆形西窗窗侧处理的几何精度极高，而其姿态也与以前的截然不同。主教堂中矗立的木制和金属制的角材框架，不仅符合标准的斯堪的纳维亚构造方法，而且显示出一种技术上的直截了当和简洁。松克在设计这座主教堂时严格地把粗糙和光滑区分开来——把教堂庭院的围墙与教堂砖石结构的外表面以及教堂内部粉刷的砖砌结构区分开来。这种做法的本身不仅代表了一种要把周围不安全的世界与内部神圣的世界分开的思想，更代表了一种要从古代发展到现代的进步思想。（W. 王）

参考文献
⋮
Okkonen, Ilpo and Asko Salokor-
pi, *Finnish Architecture in the
20th Century*, Jyväskylä, 1985, pp.
14–23.

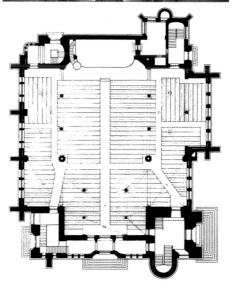

← 3 南面外观（E. M. 斯塔夫提供）

→ 4 主入口（H. 哈瓦斯提供）

→ 5 朝向圣坛的内景（皮耶蒂宁提
供）

→ 6 底层平面

除署名者外，图和照片由芬兰建筑
博物馆提供

7. 市政厅

地点：斯德哥尔摩，瑞典
建筑师：R. 奥斯特伯格
设计/建造年代：1902，1908—1923

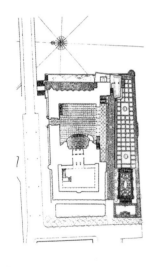

↑ 1 总平面
→ 2 从湖上看外观

坐落在斯德哥尔摩内河航道上一个最引人注目处的市政厅塔楼，是瑞典资产阶级建造的一座与新古典主义式的瑞典皇宫配对的姊妹建筑，它俨然像是一座北欧的威尼斯总督府，显得雄伟和自信。这座市政厅的建筑设计是从波罗的海沿岸的哥特式砖结构建筑发展而来的，它把城堡的宏伟与教堂的庄严融合在了一起。这项工程吸收了众多当时最优秀的艺术家和建筑师参与，其中包括年轻的建筑师E. G. 阿斯普伦德，由此激发了他后来自己的创作（斯堪的亚电影院或哥德堡法院建筑）灵感。由于奥斯特伯格娴熟的技术和广泛的兴趣，他设计的各个房间和大厅不仅在细部处理上具有古代的特点，而且在建筑工艺上更是惊人的精湛，而其中最突出和丰富多彩的当数蓝色大厅、金色大厅和会议室。在蓝色大厅的设计中，奥斯特伯格吸取了地中海建筑潮流的精神，把它构思成一个内在的庭院。大理石覆盖的台阶让人回忆起晚期锡耶纳的哥特式建筑，周围墙上巨大的砖块则继承了北欧公共建筑丰富多彩的质感。

这座市政厅建筑的

表面经过了精心的处理，所有大面积的砖石结构、墙壁和顶棚都仔细地涂抹了灰浆，进行光亮装饰。镀金的雕塑和手工精巧制作的外形使整座建筑到处充满了富丽堂皇的氛围；这些装饰物偶尔还会表现出一种欢快的幽默，像是在驱赶半年一度降临斯堪的纳维亚地区的长夜。这座市政厅的外部显示出一种领导内部多姿多彩生活的集中权力。在整个艺术与建筑令人鼓舞的发展历史中，特别是在北欧艺术与建筑的成就中，奥斯特伯格的这项杰作是城市建筑艺术最后一批实例之一。在这一时期，很少有人能以这种风格来设计，也许只有 J. 普莱茨尼克在南方所做的认真和天才的设计（参见1920年至1931年布拉格的赫拉德齐内城堡改建工程的例子）才可以与其相比。(W. 王)

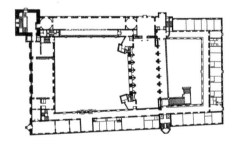

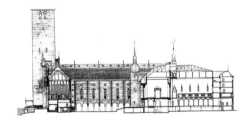

↑ 3 内景
↑ 4 上层平面
↑ 5 剖面

图和照片由瑞典建筑博物馆的 P. 马克斯提供

参考文献
⋮
Cornell, Elias, *Ragner Östberg Svensk Arkitekt*, Stockholm, 1965.
Cornell, Elias, *Stockholm Town Hall*, Stockholm, 1992.

8. 邮政储蓄银行

> 地点：维也纳，奥地利
> 建筑师：O. 瓦格纳
> 设计/建造年代：1903—1906，1910—1912

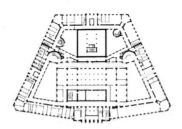 

虽然维也纳邮政储蓄银行在外观上并没有表现出正统的、理性主义的原始现代派精神，但这种精神却充满在它的结构和空间组织中，因此在建筑发展历程中具有现代主义开端的地位。由于瓦格纳在地板和墙体结构上的创新，这些构件的厚度大为减小，从而更有效地利用了空间。

这座银行建筑坐落在维也纳古老的中世纪中心，它的主立面俯瞰着通往林施特拉塞大街的一个广场。宽阔楼梯后面的银行主大厅就在这条大街的轴线上。尽管屋顶的原设计存在某些疏忽，但透过三层玻璃的顶棚照明仍不失为瓦格纳的一项独特的创新。实际上，顶棚每一个多层玻璃框与内外墙上的玻璃窗相类似。在这座建筑里，所有的下部砖石结构都用大理石和花岗石板贴面，贴面石板按照G.森佩尔曾经阐明的交织排列原则用螺栓固定。由于瓦格纳既注意发展新的构

↑ 1左：地下室平面（P. S. K. 提供）
↑ 2右：夹层平面（P. S. K. 提供）
↓ 3主入口楼梯（埃勒特、P. S. K. 提供）

↑ 4 营业大厅（P. S. K. 提供）

造细部，又寄兴趣在新的建筑体系上，并且力图保持二者之间的平衡，因此他对这座银行建筑内的家具和内部装饰配件给予了同样的重视。

维也纳邮政储蓄银行绝不是古典建筑原则的一个简单的重复，也不是像20世纪后期那样变得支离破碎的美学的一个产物，而是一项完全独立的、自觉的、文化上符合逻辑和条理清晰的设计。作为当代的艺术作品，它结合了服务功能和技术上的最新发展，并以迄今依然无与伦比的空间和结构概念来使其完美，使维也纳

邮政储蓄银行成为20世纪初期的一座独一无二的伟大建筑。（W. 王）◢

参考文献
⋮
Geretsegger, Heinz, and Max Peintner, *Otto Wagner 1841–1918*, Salzburg, 1964.
Graf, Otto Antonia, *Otto Wagner: Das Werk des Architekten*, vol. 2, Vienna, 1985.

↑ 5 带装饰塑像的檐口（P. S. K. 提供）

→ 6 地下设备层透视剖面（P. S. K. 提供）

→ 7 通风和采暖管道（埃勒特、P. S. K. 提供）

→ 8 入口外观（ P. S. K. 、赫林格 提供）

9. 火车站

地点：赫尔辛基，芬兰
建筑师：E. 沙里宁
设计／建造年代：1904，1911—1919

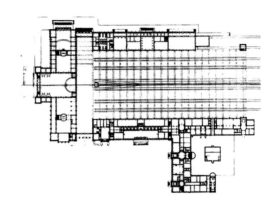

→ 1 底层平面

　　沙里宁原来计划用一座大的和两座小的格形钢结构拱顶遮盖这个U形构造的火车终点站的整个站台，但是今天人们看到的却是沿着站台的低矮挑棚。由于害怕高昂的造价和积雪的问题，铁路董事会拒绝了沙里宁原来的方案。尽管如此，当进入像候车大厅或饭店等这些车站的主要空间时，人们依然可以感受到沙里宁设计意图的宏伟。

　　对于赫尔辛基火车站的建筑风格，沙里宁最初的兴趣是在工艺美术运动或民族浪漫主义，以及来自美国的H. H. 理查森及麦金、米德和怀特事务所的影响中做选择。该火车站的方案表明他放弃了这几种模式，转向了来源于德国P. 贝伦斯、H. 比林或库尔耶尔和莫泽的比较严格的新古典主义。在这座车站的建筑结构中，无论是外部的花岗岩构件还是内部的抹灰，都以相对较浅的断面显示出它们内在的潜力。J. M. 奥尔布里希在1902年为柯尼希斯瓦特旅馆设计拱顶和盒式大厅时，曾经坦率地表现了如何使一座建筑让人联想到古典构造的匀称与协调，而无须借用任何传统形象。就这样，沙里宁在细部相对平直和缺乏古典装饰的构件上突出了精巧性，从而在车站建筑内部创造出了一种微妙的气氛，与车站外部砖石结构所表现出来的雄浑有力形成对照。这座车站的多边

↑ 2 主入口立面全景

↑ 3 带主入口和塔楼的南立面

← 4 剖面

← 5 获一等奖的竞赛方案（盖塞柳斯、林德格伦和沙里宁设计）

→ 6 1911 年建的候车大厅

图和照片由芬兰建筑博物馆提供

拱形屋顶使人联想到类似贝伦斯设计的 AEG 汽轮机工厂的结构形式，那是从古典希腊神庙的山墙中吸取的一种表现手法。

赫尔辛基火车站的设计，标志着沙里宁业已脱离了他曾经探索和追求过的工艺美术运动和民族浪漫主义的地区建筑艺术的土壤。这种背离最有力的证明标志就是赫尔辛基火车站那座布局不对称的塔楼。它高耸入云的形象不仅留给后世一切类似的建筑一个参考，而且暗示了设计这种望远镜式的高层建筑的方向。正是按照这样的设计思想，沙里宁在1922年以他的哥特式方案参加了芝加哥论坛报大厦的设计竞赛。除此之外，他还在1923年为芝加哥的湖前区设计了十分吸引人的建筑规划。(W. 王)

参考文献

⋮

Hausen, Marika, "The Hel-sinki Railway Station in Eliel Saarinen's First Version 1904", in: *Taidehistoriallisa tutkimuksia-Konsthistorika studier 3*, Helsinki, 1977, pp. 57-114.

10. 鲍洛斯别墅

> 地点：布达佩斯，匈牙利
> 建筑师：O. 莱奇奈尔
> 设计 / 建造年代：1905

掩映在一片绿色之中的鲍洛斯别墅，坐落在布达佩斯一处缺少城市气息的居民区内，是匈牙利民族浪漫主义建筑风格的一个早期的例子，是世纪之交时出现的青年风格派的衍生物。这座乡间别墅是供内阁顾问居住的，它象征着重新出现在"花园城市"思想中的长排形建筑与流行的英国乡村住宅及资产阶级的表现主义观念的混合，并且用特殊的民族方式对此加以改进。

在这座独立的两层建筑的中心，是错层式的大厅，作为起居室连接其他主要的房间，在建筑风格

↑ 1 南立面细部
↑ 2 南立面（草图）

↑ 3 主立面外观（B. 加伯提供）

↑ 4 大厅楼梯

图和照片由匈牙利建筑博物馆提供

上借鉴了英国村舍和20世纪初先进的资产阶级别墅的一些必不可少的特色。阳台、拱门和柱子的组合以及立面装饰充满浪漫主义和乡村气息的基调，赋予了这座别墅的外观以明确的非对称性和可塑性。所有这些都反映出了莱奇奈尔极富个性化的艺术观。

用伸出的精巧铁件搭成的、位于临街立面显要位置的冬季花园，建筑外部的陶瓷装饰和门厅内贴"兹绍尔瑙伊"（Zsolnay）金属－玻璃瓷砖的壁炉，都证明了莱奇奈尔对工艺美术相结合的重视，这类装饰甚至在达姆施塔特的当代艺术家的别墅或维也纳的青年风格派的别墅中也可以找到。

莱奇奈尔所创造的这种富于想象力的不同建筑风格的组合，基于的是东方的建筑设计思想与匈牙利的建筑传统之间存在着一种内在关系的理论。但是在后来的设计中，他却使自己超然于东方的隐喻之外，设计出了许多比较有节制的但是更注重鲜明色彩的陶瓷装饰立面。对传统乡村格调和风格的改造，使莱奇奈尔的建筑作品成为特殊的匈牙利民族传统建筑风格的一个典范和民族主义者潜在的政治抱负的象征。作为这种民族建筑风格的开创者，莱奇奈尔应该受到与来自斯堪的纳维亚民族浪漫主义派（如盖塞柳斯）和英国工艺美术运动的同行们同样的尊敬。（H. 库索利茨赫）◢

参考文献
⋮
Gor, Eszter, *Villas in Budapest: From the Compromise of 1867 to the Beginning of World War II*, Budapest, 1997.

11. 斯托克莱宫

地点：布鲁塞尔，比利时
建筑师：J. 霍夫曼
设计 / 建造年代：1905，1906—1911

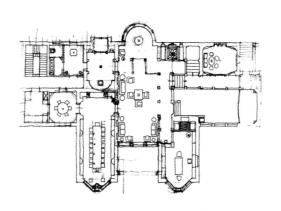

→ 1 底层平面（维也纳 MMK 基金
会提供）

这座宫殿式的住宅坐落在布鲁塞尔郊外，与至今依然壮丽的泰尔维尔朗大道平行。虽然建筑的布局相当舒展，但是这座住宅的外部十分简洁，一系列贴面的表面，与O. 瓦格纳所采用的方法相似。这些原来甚至设想用玻璃的被O. 瓦格纳称为"平板似的表面"，是用图里利大理石贴面的，在大理石面的交接处使用锻压的金属型材镶边。这种外部装饰的处理方法，表明霍夫曼不

仅从带有非对称塔楼的英国古典别墅中吸取教益，而且努力发展自己的一种完全协调的建筑语言。

这所住宅的核心，是宽大的双层大厅，从那里可以到达住宅的各个主要房间。其不规则的特点，同样可以在18世纪英国乡间住宅的处理手法中找到，像带凸窗的花园房屋就是如此。这所住宅的主要房间的纵向排列在空间布局上井然有序，这与看起来似乎是漫不经心的住

宅平面构图形成对照，给人以完全对立的印象。

霍夫曼在这所住宅的内部装饰上花费了大量精力。这些内部装饰精美的造型不仅艺术风格严谨，而且艺术思想纯净，与如今那种千篇一律的简单化不可同日而语。在这所住宅内匀称调和地布置的艺术品和装饰物以及光洁的建筑构件表面，确实使那些简单的房间与它所包容的丰富而多样化的艺术内容形成了一种自相矛

↑ 2 临街立面外观（维也纳实用美术学院提供）

盾的对比。霍夫曼曾经吸收他的许多来自当时十分活跃的维也纳学派的同事（K. 莫泽）和分离派的成员（G. 克利姆特）参与设计工作。在整个建筑艺术史上，像斯托克莱宫这样的住宅是少有和独特的。

（W. 王）◢

参考文献

:
Sekler, Eduard, *Josef Hoff-mann*, Salzburg, 1982.

↑ 3 花园一侧外观（F. 里特尔提供）
↑ 4 卧室（摘自《现代建筑形式》）
↘ 5 化妆室（N. 霍夫曼、E. 塞克莱尔提供）

12. AEG 汽轮机工厂

> 地点：柏林，德国
> 建筑师：P. 贝伦斯
> 设计／建造年代：1908—1909

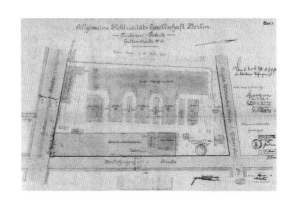

→ 1 1909 年总平面（柏林地区统
一动物园提供）

在建筑概念上，AEG（Allgemeine Elektrizitats-Gesellschaft——通用电气）汽轮机工厂是20世纪初给人印象最深的一座工业建筑。贝伦斯按照工厂内部功能的划分，把汽轮机部件装配部分安置在一座横向的两层楼内，而总装车间则被安置在一个巨大的无柱空间内，以保证车间内部最大的流通性。按照这种功能的划分，贝伦斯使这座工厂主厂房的外表酷似一座原始的神庙，它粗琢的多边形山墙和用金属结构模仿古代神庙的柱廊，曾成为建筑中最持久的处理方法之一。

贝伦斯曾设计过范围广泛的工业产品，从平面设计到灯具和水壶之类的家庭用品，在此，他运用着八年前设计达姆施塔特的艺术家聚居地的那些经验和理想。生产电气产品的AEG公司所追求的明确目标是：加速德国的工业化，并在日常用品中，利用优秀的设计观念，从而使社会上大部分人都买得起。同时，该公司还要求：遍及柏林的公司建筑（特别是工厂）的视觉语言，应能说明公司法人的指导思想。贝伦斯最终为这座工厂的建筑选择了无装饰的新古典主义风格，这是喜爱普鲁士第一流官方建筑师K. F. 辛克尔作品的结果。

把一座普通的工厂提升为一座神庙，虽然建筑本身变得高贵和崇高了，但是建筑与工人所生产的

↑ 2 从东北方向看前立面外观（F. 马尔堡提供）

产品却无疑地变得疏远
了，因而效果适得其反。
（W. 王）◢

参考文献
⋮
Hoeber, Fritz, *Peter Behrens*,
Munich, 1913.
Buddensieg, Tilmann, *Industriekultur: Peter Behrens und die AEG*, Berlin, 1979.

↑ 3 从西北方向看前立面外观（F.
马尔堡提供）

← 4 北向内景（F. 马尔堡提供）

13.埃米尔·雅奎斯－达尔克罗策韵律体操学院

地点：黑莱劳，德国
建筑师：H.泰斯诺
设计／建造年代：1910, 1911—1912

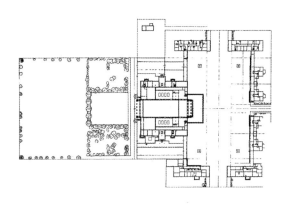

→ 1 底层平面

由于把体操运动与音乐综合在一起的韵律体操的吸引和鼓舞，黑莱劳家具工厂和花园城市协会的共同创建者W.多恩，邀请埃米尔·雅奎斯－达尔克罗策一起，计划创建一座类似R.瓦格纳的拜罗伊特节日剧院的建筑。泰斯诺设计的基本形式是：占主要地位的大厅、主门前的矩形广场和围绕广场的住宅单元。该设计方案击败了由R.里默施密德设计的更别致的方案而被选中。

泰斯诺设计的这座建筑的外部减少了古典主义的格调，完全符合花园城市创建者们把它作为举行节日庆典的场所的原意。同时，当来宾从门厅走向观众席时，严谨的外部装饰更增加了内部装饰的吸引力。门厅的设计综合了家庭生活与公共活动的气氛。整个观众席被包围在上方五块用钢木构架撑开的粗帆布之中，白天由两面纵墙上的窗户采光。在纵墙的间隙空间中，安装有3000盏不同颜色的灯泡。这个系统是由俄国画家A.冯·萨尔兹曼设计的，其功能是用照明的变化来烘托变幻的舞蹈表演气氛。观众席的座位可以调整成圆形或传统形的布置形式。创新的建筑和灯光，加上瑞士舞台设计师A.阿皮亚的创意，所有这一切对于观众都颇具吸引力。

泰斯诺设计的这座建筑，显示出它的内部装饰服从于整个建筑的功能要求，

↑ 2 主立面外观

同时还表现出一种颇有资产阶级特点的总体精神。泰斯诺与其他艺术家共同设计的这座韵律体操学院的建筑，是一个新的总体艺术工程的例子，是众多志同道合的艺术家为一个共同的目标努力而取得的综合成果。但是，这座享有国际声誉的建筑寿命很短。随着它的主要支持者W.多恩的去世和第一次世界大战的爆发，雅奎斯-达尔克罗策也在1914年离开了黑莱劳。后来，这座建筑曾先后被纳粹和苏联军队使用，直到20世纪90年代才得到部分重建。(W. 王)

参考文献
:
Bildungsanstalt Jaques-Dalcroze: Der Rhythmus, vol. II, Hellerau, 1913.
Wangerin, Gerda, and Gerhard Weiss, *Heinrich Tessenow*, Essen, 1976.

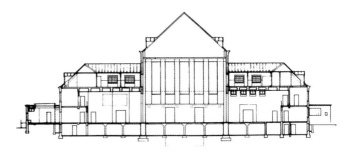

↑ 3 主入口，1913年黑莱劳节场景
↑ 4 门厅
↑ 5 剖面
图和照片由萨克森州文物保护局提供

14. 法古斯工厂

地点：阿尔费尔德，德国
建筑师：W. 格罗皮乌斯，A. 迈耶
设计 / 建造年代：1911—1913

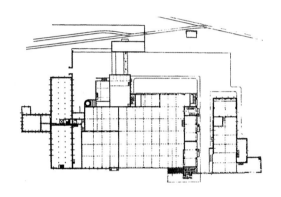

→ 1 底层平面

W. 格罗皮乌斯是在 P. 贝伦斯的工作室与他后来的合伙人 A. 迈耶相识的。在 1911 年，格罗皮乌斯获得了设计这座鞋楦工厂的委托，这座名为"山毛榉"（Fagus 是鞋楦工厂使用的主要生产材料山毛榉的拉丁文名称）的工厂是他们首次得以实现的设计，并由此获得了格罗皮乌斯作为一个现代主义先驱的声望。

格罗皮乌斯和迈耶在这座工厂长方形的主楼中实现了他们最卓越的设计创新。大片的玻璃幕墙形成了这座建筑的空间轮廓，从而进一步突显了它内在材料的质量。内部柱子和楼板的位置给人以独特的印象，好像轻飘飘的半透明帐幔或窗帘似的三层高的玻璃窗形成了覆盖整座建筑的立面，玻璃窗在转角处达到了它的顶点。建筑内部貌似悬空的楼梯间使整座建筑保持了透明的外观。

较少的材料品种和均衡的比例使整座建筑的布局显得非常协调与和谐。黄色的砖包围着玻璃立方体，在基座、楼梯塔楼和顶楼处衬托出它的轮廓。垂直的窗户设计创造出一种有特色的网格形结构线条。

由于大量使用了钢和玻璃，这座建筑的形象显得十分先进。这种全玻璃窗的结构，在工业建筑领域里显示出了设计者勇于革命和创新的精神。法古斯工厂也由于它新颖的建

↑ 2 西南向主楼立面外观（F. 马尔堡提供）

筑结构和功能主义的建筑表现手法而享有盛名。格罗皮乌斯在20世纪20年代中期设计的包豪斯校舍中，进一步发展了他的这些设计思想。（H. 库索利茨赫）◢

↑ 3 朝烟囱方向看主楼外观
← 4 全景
← 5 三层主楼梯间内景
↓ 6 厂房内景

除署名者外，图和照片由包豪斯档案馆提供

参考文献
⋮
Nerdinger, Winfried, *The Gropius Archiv*, 4 Volumes, New York, 1990–1991.
Annemarie Jeaggi Fagus, *Industriekultur zwischen Werkbund und Bauhaus*, Berlin, 1998.

15. 卢班化工厂

> 地点: 卢班, 波兰
> 建筑师: H. 珀尔齐希
> 设计/建造年代: 1912

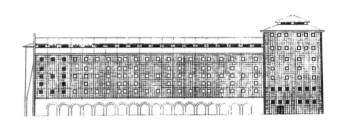

→ 1 硫酸厂厂房纵立面（摘自《工业建筑》）

在20世纪头十年即将过去的时候，发展工业建筑成为建筑界一项新的有纪念意义的任务。当时的建筑师们欣赏这种由于业主口味的变化而给各种建筑流派和风格所提供的更大的自由度，打造出一些最打动人心和创新的建筑。这个时期树立起来的建筑史上的偶像有：1908年至1909年的AEG汽轮机工厂、1911年至1913年的法古斯工厂和1912年建于卢班的化工厂（尽管卢班化工厂看起来没有法古斯工厂那么先进）。为了设计卢班化工厂，珀尔齐希参考了一些实用的传统建筑，而没有大量采用当时技术上流行的玻璃和钢制的结构。在回顾了他的先辈们设计的古典输水道、中世纪的塔和桥以后，珀尔齐希为这座化工厂的建筑选择了表现主义美学的设计原则。

这座化工厂的建筑群避开了自然障碍的限制，建在一块平地的正中

↑ 2 磷肥厂厂房横立面（摘自《工业建筑》）
↑ 3 工厂建筑的外立面（柏林工业大学设计图陈列室提供）

↑ 4 硫酸厂厂房（柏林工业大学提供）

央，根据河道和铁路的走向，工厂底层布局选择了最理想的取向。建筑群的内部结构完全取决于生产过程，并最终形成一个有机的整体。具有表现主义色彩的明快的红砖立面，齐平的带有深色窗框的方窗和半圆窗，使整个建筑群严谨、正规和匀称，显得整齐划一。这不仅是建设上的需要，也体现了形式与结构的统一。外部喷涂的灰浆和胶接的非承重墙的采用，不仅满足了材料经济性的要求，而且严格地区分了建筑的承重和不承重的部分。珀尔齐希还打破了禁止在建筑外部使用金属的限制，创造出一种由木檐槽和雨水落水管形成的悬臂式挑檐，这种新颖的结构形式十分引人注目。墙壁与门窗之间协调的比例以及建筑各部分的体积在度量上的平衡，使卢班化工厂成为具有表现主义风格的工业建筑的一个确切的和独特的

例子。（H. 库索利茨赫）◢

参考文献

Schirren, Matthias, and Sachliche Monumentalität, "Hans Poelzigs Werk in den Jahren 1900-1914", in: *Moderne Architektur in Deutschland 1900-1950: Reform und Tradition*, Catalogue, Frankfurt, 1992.
Posener, Julius, *Hans Poelzig: Sein Leben, Sein Werk*, Wiesbaden, 1994.

↑ 5 磷肥厂厂房（柏林工业大学设计图陈列室提供）
↑ 6 工棚和库棚（柏林工业大学设计图陈列室提供）

16. 世纪纪念堂

‖ 地点：弗罗茨瓦夫，波兰
‖ 建筑师：M. 伯格
‖ 设计／建造年代：1912—1913

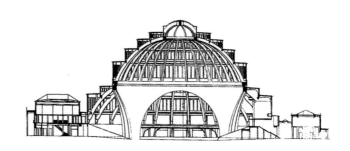

→ 1 剖面

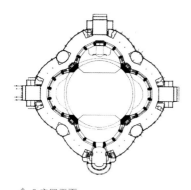

↑ 2 底层平面

　　这座世纪纪念堂是20世纪最坚固和大胆的圆顶结构的建筑之一。与主大厅相连的是一组展览厅，其中有一座也遵循同样的结构原则——在拱券上，布置一套阶梯式的平屋顶。这座纪念馆的主圆周直径为65米，加上半圆形展厅，它的总宽度增加到100米左右。由于采用了阶梯形屋顶，光线与骨架结构的交相辉映赋予了整座纪念堂一种与早期哥特式大教堂颇为类似的精致华丽的特色。

　　半圆形凹厅的连接和几何形状，无疑是在遵循着一种几乎不言而喻的几何规则，虽然这大大增加了精确的圆角构件和实际承载性能的复杂性。这座纪念堂是最早采用钢筋混凝土的工程之一，在施工中注意了尽量减少内墙面的接缝痕迹。毋庸置疑，古代埃及平顶斜坡坟墓的格调的确曾经激发起了包括伯格、H. 珀尔齐希和A. 路斯在内的众多当代建筑

↑ 3 主入口外观
→ 4 鸟瞰

师的想象力。

　　伯格在处理这座纪念堂的内部装饰和外部装饰上采用的风格不同。建筑的外部有古典式的、带凹槽的列柱支撑的门廊。世纪纪念堂是第一批不掩盖其结构的伟大空间之一。（W. 王）◢

参考文献
⋮

Platz, Gustav Adolf, *Die Baukunst der Neuesten Zeit*, Berlin, 1927, pp. 32, 204, 209, 216-218, 526, 548.

↑ 5 主穹顶大厅
← 6 穹顶

图和照片由区域发展与结构规划学院提供

17. 霍德克公寓

地点：布拉格，捷克
建筑师：J. 肖科尔
设计 / 建造年代：1913

J. 肖科尔属于 O. 瓦格纳的学生一代，出生在奥匈帝国的王室领地。在首都维也纳，他们经历了瓦格纳所给予的进步教育，成为一股与维也纳新艺术运动相抗衡的力量。毕业以后，这些建筑师回到了他们的祖国，并把在国外学得的知识与本国的传统结合起来，去发展一些新的东西。表现主义的捷克立体派就是这些发展的一个结果，而肖科尔正是这个流派的一个主要倡导者。他把瓦格纳的理性主义、巴黎的立体派绘画以及历史上豪放不羁的波希米亚哥特式和巴洛克式建筑风格的要素加以改造之后，在北欧创造出了一种有个性的、独特的，相当于当代表现主义的建筑风格。

这座五层楼的公寓建筑坐落在布拉格的内克兰诺娃大街的拐角处，其生动的外形具有迷人的魅力。公寓的立面，在一个由垂直和水平构件形成的严格的网格内，被分割成立方体和棱柱体。由于采用了晚期哥特式建筑中特殊的波希米亚构型（菱形拱顶），这座公寓建筑的整体被它动态的水晶般的表面所分解，建筑的立面上会出现一种光线和阴影

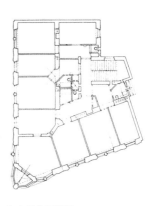

↑ 1 标准层平面
↓ 2 细部（由德国建筑博物馆提供）

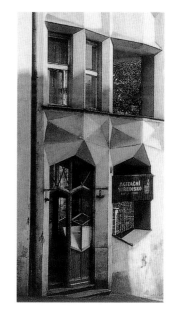

交错闪动的生动景象。底层的菱形门窗过梁再次出现在形成立面上边界的棱柱形上楣之中。在建筑的边缘，有支撑每层楼阳台的连续柱子，它们形成了连接这个坚实和协调的建筑整体的一个补充纽带。入口层的多边形窗户和多边形角隅的房间，使这座建筑里的各种构型保持了完全一致。由于建在斜坡上，建筑形体逐渐缩减而形成锐角角隅，进一步增强了这座建筑的立体主义表现效果。

效果强烈的几何形状和表现主义的造型是这座公寓建筑的特色，它给人一种有人居住的立体主义雕塑的印象。(H. 库索利茨赫)

← 3 西面外观（德国建筑博物馆提供）
→ 4 细部（德国建筑博物馆提供）
→ 5 主入口（德国建筑博物馆提供）

参考文献
::
Vegesack, Alexander von (ed.), *Tschechischer Kubismus: Architektur und Design 1910-1925*, Weil/Rhein, 1991.

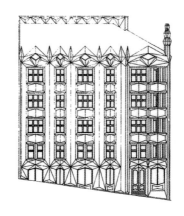

↑ 6 南立面

↑ 7 东立面

18. 市政厅改建和扩建工程

地点：哥德堡，瑞典
建筑师：E. G. 阿斯普伦德
设计／建造年代：1913，1934—1937

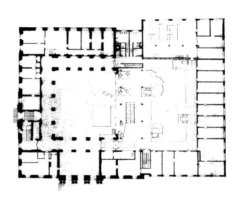

→ 1 底层平面

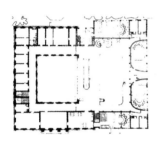

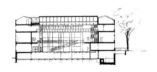

↑ 2 二层平面
↑ 3 剖面
→ 4 带楼梯和中庭的内景（瑞典建
　筑博物馆 P. 马克斯提供）

尽管阿斯普伦德已经在哥德堡市政厅建筑最初的设计竞赛中获胜，但是哥德堡市政当局仍然要求阿斯普伦德改进他的设计，这个过程一直持续到20多年以后才结束。在这期间，阿斯普伦德提出了范围广泛的多样化设计方案，从统一的新古典主义立面处理到民族浪漫主义的风格。但是，直到现场施工已经开始，最终的方案也没有确定。这样所造成的后果之一就是：窗子被独特地布置在相对于钢筋混凝土框架不对称的位置上。因此，整个建筑的立面，既要保持新的立面的整体性，又不要与原有的立面相差太远。

阿斯普伦德设计的这座新庭院的内部，兼有室内性和室外性，经过斯堪的纳维亚的地中海梦想而回归到意大利的广场，就像 R. 奥斯特伯格设计过的斯德哥尔摩市政大厅那样（阿斯普伦德曾为其内部设计做出过贡献）：一段

↑ 5 扩建的前立面外观（瑞典建筑博物馆 P. 马克斯提供）

特别宏伟的台阶从主要楼层上升到会议大厅层，这部分空间除了流通的空气之外空无一物。这种情况加上天窗，使日光能畅通无阻地深入新的内院。包围两侧会议室的曲面木板，加强了市政厅内空间的半公共气氛。

凭借为家具和内部装饰设计的经验，阿斯普伦德有能力为这座市政厅设计灯具、椅子、桌子、钟面甚至喷嘴式饮水龙头。他在设计这些家具和装饰品时遵循这样的原则：它们不应降低和减损各自的综合鉴赏性；新的和老的应当成为一个整体；与老的相比，新建的市政厅内部应更为新颖；房间与家具应互相适合。正因为如此，哥德堡市政厅扩建工程被认为是有意识地处理建筑扩建任务的一个最好的范例。（W. 王）◢

参考文献

Lampers, Sven, et al., *Göteborgs Radhus, Om-och Tillbyggnad 1935-1937*, Gothenburg, 1939.
Holmdahl, Gustav, *Gunnar Asplund Architect 1885-1940*, Stockholm, 1950, pp. 160-177.

19. 林地公墓

地点：斯德哥尔摩，瑞典
建筑师：E. G. 阿斯普伦德和 S. 莱韦伦茨
设计／建造年代：1915，1926—1934

→ 1 总平面
↓ 2 外观（W. 王提供）

这座公墓是阿斯普伦德和莱韦伦茨使用传统的要素设计的，其形式在20多年中也经历了许多变化。建在一块已有的林地上，包括礼拜堂和火葬场在内的这座公墓，如今依然呈现出一片优美的景色，犹如C. D. 弗里德里克的一幅风景画。公墓内不同的布局创造出不同的气氛：当沿着路旁立有"哀悼的墓碑"的入口道路走入公墓时，会逐渐产生一种肃穆和专注的感觉；当沿着宽阔的大道走向主要的礼拜堂时，则会产生一种解脱的感觉；当沿着树木茂密的墓地行进时，树林的存在有时会淡化，有时却会强化坟墓的存在感。

阿斯普伦德和莱韦伦茨为这座公墓设计的几座早期的礼拜堂，其本身在宗教建筑中就是杰作。而阿斯普伦德后来设计的"神圣十字架"礼拜堂和"信仰与希望"礼拜堂，则主要靠细心地解决了等候与参加礼拜的顺序问题而知名，而不是靠建筑本身。

↑ 3 火葬场外观（瑞典建筑博物馆 P. 马克斯提供）

凌驾于公墓所有建筑之上的公墓风景，既受设计的控制，又受随着时间推移而做出的许多决定所积累的偶然性左右，最终成为一块各种精神内涵集中的神圣领地。无论是林中的小径、茫茫苍穹下孤独的灵柩台、土丘上的小树丛，还是沿着礼拜堂用墙围起来的花园，似乎都在诉说着这座公墓景致的变迁。时间终究能够治好创伤，这座公墓如今已经成为一处优美动人景色的发源地。(W. 王)

参考文献

Constant, Caroline, *The Woodland Cemetery: Toward a Spiritual Landscape*, Stockholm, 1994.
Johansson, Bengt O. H. , *Tallum,* Stockholm, 1996.

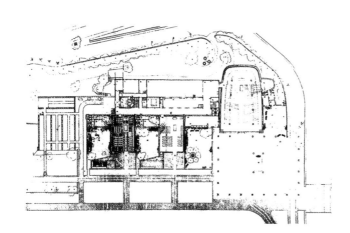

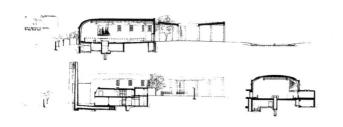

↑ 4 火葬场礼拜堂内景（瑞典建筑博物馆罗森伯格提供）
↑ 5 内景（W. 王提供）
← 6 底层平面
← 7 剖面

20. 艾亨哈德住宅区

地点：阿姆斯特丹，荷兰
建筑师：M. 德克莱克
设计／建造年代：1917—1920

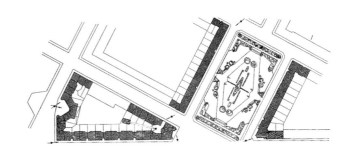

→ 1 总平面
↓ 2 公寓 A 的标准层平面

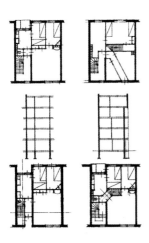

M. 德克莱克设计的规模宏大的艾亨哈德住宅区，是20世纪有纪念意义的砖结构建筑中令人印象深刻的一个例子，同时也是阿姆斯特丹表现主义建筑与艺术学派的一个代表偶像。它外观上的特色，不仅来源于砖结构气势的凝重和形体的宏伟，同时也来自大量布局严谨、式样新颖的外部装饰。

在这个住宅区中，德克莱克最后为艾亨哈德社区设计的三套住宅单元是一座三角形的大楼。这是一个富于想象力的设计，大楼巨大的空间被巧妙地分隔成形状各异的独立的小住宅单元。悬臂式的阳台和不同形状的屋顶，使这几套住宅单元各具特色。德克莱克还把设计的重点放在了外部装饰构件上，例如用特殊形状的砖和不同质感的材料增加砖结构外部装饰的生动性，采用不同形式的窗户等，这些都加强了表现主义的效果。这种形式丰富多样

↑ 3 从赫姆布吕赫街广场看住宅区带塔楼的外观

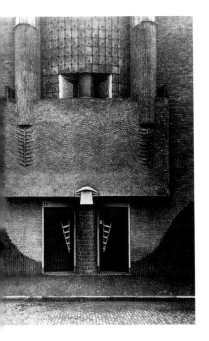

↑ 4 楼梯间塔楼的立面细部

↑ 5 西面立面

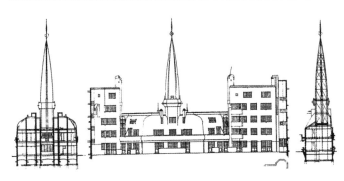

↑ 6 庭院立面和塔楼的两个剖面

图和照片由荷兰建筑协会提供

的外部装饰，对于社会住房建筑来说，造成了一种自相矛盾的结果，因为不同的外部装饰注定要以牺牲内部结构的居住舒适标准为代价。一种不成比例的形式上努力的结果——这就是外表精美的建筑的设计者由于内心承受道德的冲击而对住户所做的辩解。

砖结构在艾亨哈德住宅区富于创造性和有说服力的使用，标志着阿姆斯特丹表现主义建筑与艺术学派和当时在荷兰出现的现代主义运动在技术趋向上迥然不同。德克莱克参照的是德国表现主义的砖结构建筑，如后来F. 许埃尔设计的希莱住宅(1921—1924)和P. 贝伦斯设计的赫希斯特工厂(1920—1924)。虽然德克莱克的建筑设计方法没有立即对他同时代的人产生影响，但是后来在20世纪60年代和70年代，当建筑师们探索新的表现方法时，他的影响却十分巨大。(H. 库索利茨赫)◢

参考文献

Johannese, Sigrid and Vladimir Stissi, *Michel de Klerk: Architect and Artist of the Amsterdam School, 1884-1923*, Rotterdam, 1997.

21. 爱因斯坦塔楼

地点: 波茨坦, 德国
建筑师: E. 门德尔松
设计 / 建造年代: 1919—1921

→ 1 草图 (柏林艺术图书馆提供)

尽管 E. 门德尔松只画了几张作为现代建筑画早期作品的草图, 以紧扣不考虑构造限制的特定题目, 来展现一种有力的表现主义风格, 而其真正理智的建筑物却是从几根动态的线条中发展出的。他第一座实现的建筑物是相当小的。爱因斯坦塔楼, 耸立在离柏林不远的波茨坦的特莱格拉芬堡, 建于20年代初, 被认为是表现主义建筑的偶像之一。

表现主义建筑的创作者们总是试图把建筑固有的功能转化为一种带象征意义的外部。把塔当作一种建筑方式, 完全代表了一种倾向于突出竖线条的表现主义思想。尽管如此, 这座建筑最后不是轻飘飘的作品, 而是沉重切实的雕塑。

除了竖线条以外, 由 F. 尼采倡导的一种地下洞穴也构成了爱因斯坦塔楼的一部分。这座塔楼的地下室用于容纳恒温实验室, 是塔楼的科学心脏,

↑ 2 剖面 (柏林艺术图书馆提供)
↓ 3 立面 (柏林艺术图书馆提供)

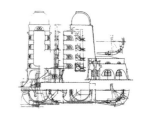

↑ 4 全景

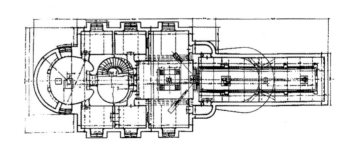

→ 5 从底层到穹顶的平面（柏林艺术图书馆提供）

科学家们在这里把他们的观测转化为明确的结论。这座多层塔楼内的工作间和起居室可以直达塔顶钟形阁楼中的天文台，从那里可以用天文望远镜观察星空。就是用这种方式，塔楼把虚无缥缈的天体与它建在地上的基础联系了起来。

塔楼的外部形状是按照自由设计现场浇注钢筋混凝土的方法实现的，看起来超前于其时代很多。尽管有这样无拘无束的雕塑式的外形，但是塔楼的主要结构还是用传统的砖砌成的。第一次世界大战后现代化材料匮乏，是塔楼采用这种已经过时的落后结构的原因。浇注的雕塑式外部造型，使塔楼凸出和凹入的外表面从它宽阔的基础上拔地而起；而塔楼外部的楼梯间，则为进入塔楼内部提供了一条通道。

利用引人注目的表现主义手法以及生动有力的表面和造型结构，门德尔松创造出来的不仅是科技时代的一个标志，而且更像是一座自然力的纪念碑。（H. 库索利茨赫）◢

参考文献
⋮

Zevi, Bruno, *Erich Mendelsohn: Opera Completa*, Milan, 1970.
Stephan, Regina (ed.), *Erich Mendelsohn: Gebaute Welten*, Stuttgart, 1998.

第 **3** 卷

北欧、中欧、东欧

1920—1939

22. 赫拉德齐内城堡

地点: 布拉格，捷克
建筑师: J. 普莱茨尼克
设计／建造年代: 1920—1931

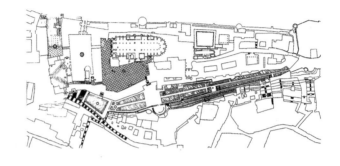

→ 1 总平面
↓ 2 防御花园，大台阶

　　普莱茨尼克为捷克斯洛伐克国家首脑设计的这座官邸，是一件将最卓越的收藏品插入一座历史文物建筑中的作品。受居住在这座城堡中的哲学家马萨里克的邀请，这位斯洛文尼亚的建筑师花费了十年多的时间来改造这座城堡的内部和外部空间。原有建筑物中的花园、庭院、露台、楼梯、台阶、大厅、居住套间、家具、雕塑、灯具、花瓶，几乎都是由普莱茨尼克设计的。

　　例如，在城堡的入口处，迎接宾客的是一根插在黄铜基座内的高大锥形旗杆（层叠木材制成的）。在有着四倍大台阶高度的迎宾大厅内，成排的坚固花岗岩石柱包围着宾客。大面积石块铺砌的庭院引导宾客穿过城堡，越过方尖碑、喷泉和圣乔治屠龙雕塑，沿着有铜华盖的台阶来到下面的露台。在设计这座城堡时，普莱茨尼克在形式上参考了许多伊特拉斯坎和米诺斯文化的

↑ 3 第三庭院，铺地

↑ 4 城堡花园
← 5 第三庭院，入口
→ 6 防御花园，金字塔
→ 7 马提亚厅

先例，而一些组件，如栏杆、柱头之类的独特比例，则应归功于普莱茨尼克个人对雕塑艺术的精通。城堡中所有的这些艺术品，把我们带进了一个技艺极其精湛的建筑艺术境界，保证在很多当代建筑由于手法的贫乏而凋残之后很久，这座城堡仍能完好地存在并进入21世纪。

但是，普莱茨尼克对赫拉德齐内城堡所做的贡献并没能增加这座城堡与当地文化的血缘关系。国家首脑官邸的名分和精美高贵的外部装饰，使这座城堡蒙上了一层神话般的色彩，这种色彩使它的文化内涵超越了奥匈帝国和捷克斯洛伐克的文化血统，而吸收了世界上其他地区古代的文化。（W. 王）

参考文献

Slapeta, Vladimir, "Joze Plečnik et Prague", in: *Joze Plecnik Architect 1872-1957*, Paris, 1986, pp. 83-96.
Hrausky, Andrej, et al., *Plečnik v Tujini*, Ljubljana, 1998, pp. 116-162.

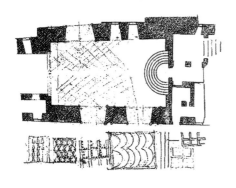

↑ 8 极乐花园，花岗石缸
↑ 9 马提亚厅平面
→ 10 第三庭院，圣乔治喷泉

图和照片由卢布尔雅那建筑博物馆提供

23. 加尔考农场

地点：加尔考，德国
建筑师：H. 黑林
设计／建造年代：1924—1925

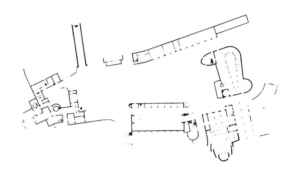

→ 1 总平面
↓ 2 透视图，鸟瞰（艺术学术提供）

虽然仅有农场的两座建筑（干草棚和牛棚）按照黑林的设计建成，但是这项设计整个已成为可供选择的现代建筑的一个重要的例子，因为它没有沉浸于对建筑形式的追求，而是严格地考虑内部的生产过程的需要。能豢养42头牛的牛棚充分体现了这种设计理念：牛棚成梨形布局，可以通过顶棚中央的开槽投下饲料，并能很方便地从前面和后面查看牲畜。同时，这个牛棚可以一次性打扫干净。中央饲料槽还能使牲畜之间保持足够的距离，从而减少疾病的传播机会。农场监工的位置设于梨形牛栏较细的一端，那里视界开阔，方便观察到每一头牛。斜坡的顶棚，既使牛棚中的空气得以上升排出，又有助于上层的饲料落向中央。在牛棚的高处，有连续的一排窗户，

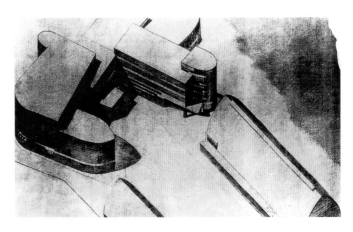

↑ 3 带牛棚的全景（W. 王提供）

可以提供充足的日照。一个巧妙的预制构件，保证了可以向下层或上层交替通风。

悬挑式的钢筋混凝土结构，使围墙不必承受垂直荷载。双层的顺砌砖墙和混凝土砌块墙，足以良好地防风雨和隔热。主要的结构都仔细地分别用混凝土板、砖砌横挡和木板覆面与保护。

这座牛棚的设计没有使用当地农场的形象和正规的建筑语言，但是通过它所采用的大量传统材料，仍可以找出它们之间的渊源。这座牛棚的屋顶是平的，它的曲线构型与传统农场建筑复杂而密集的屋顶在形式上十分相似。（W. 王）◢

参考文献
∶

Joedicke, Jürgen, *Hugo Häring, Schriften, Entwürfe, Bauten*, Stuttgart, 1965.

↑ 4 更新改造后的南面外观（W. 王提供）

↑ 5 更新改造后的东面外观（W. 王提供）

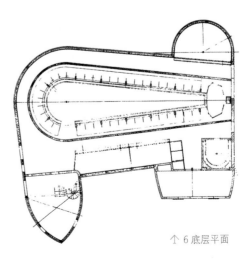

↑ 6 底层平面

24. 施罗德住宅

地点: 乌德勒支，荷兰
建筑师: G. 里特费尔德
设计/建造年代: 1924—1925

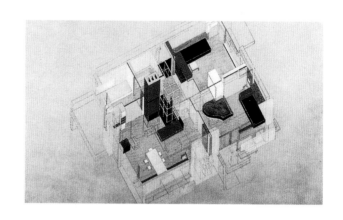

→ 1 轴测图（波恩建筑艺术家协会
   提供）

从1921年起，里特费尔德就与室内设计师T. 施罗德一起合作。里特费尔德和施罗德共同设计这座住宅时遵循的是风格派的构成原则：赋予墙和地面这些主要建筑构件以最大的表现力（外部粉刷成白色），其次才是那些次要的构件。这座住宅的设计还首次对建筑结构、家具陈设和空间做统一的布局，并在顶层的房间设置高折叠门，以建立各种不同的空间分隔关系。这些

折叠门甚至能够完全折起，以变成一个大单间。

除此之外，这座住宅里还有大批精心设计的嵌入式家具，所有这一切都使它成为以后探索既紧凑又扩展的家居生活的一个源泉。住宅的众多家具，不包括里特费尔德1919年自己设计的餐具柜和范·杜斯堡1923年为一座艺术家住宅设计的家具原型，都清楚地说明了一种设计意图：把建筑内的每一个组成部分都尽可能地以一种

吸引人的方式联系在一起。住宅内各种建筑要素之间的正交关系代表了一个理性世界，同时整体构图的如画效果保证了它获得某种含蓄的位置特性和生动有力的视觉效应。

施罗德住宅是最能清楚地阐明风格派原则的一个建筑典型。虽然这些原则起源于具有直接物质基础的家具设计，但是它已经完全脱离了构成材料的直接表现。在后来一些用这种构图技巧设计的实例

↑ 2 外观（波恩建筑艺术家协会提供）

中，对那些触摸得到的细
节之整体关系的处理变得
把握不大，剩下的就只有
彻底依靠建筑构件之间抽
象的相互作用这样一条路
了。(W. 王) ◢

参考文献
⋮
Mulder, Bertus, and Gerrit Jan
de Rook, *Rietveld Schröder
Huis 1925-1975*, Antwerp,
1975.

→ 3 内景（波恩建筑艺术家协会提
　　供）
→ 4 内景（波恩建筑艺术家协会提
　　供）
→ 5 楼层平面（乌德勒支中心博物
　　馆提供）

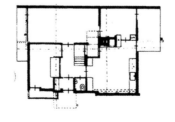
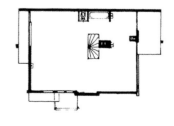

25. 市政厅

地点：希尔弗瑟姆，荷兰
建筑师：W. M. 杜多克
设计／建造年代：1924，1927—1930

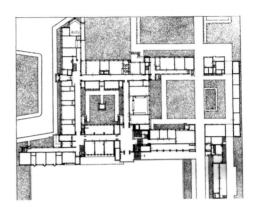

← 1 底层平面

"创造出一种高贵的、雄伟的效果，而使装饰成为多余的"是W. M. 杜多克在建筑风格上的理想。这种理想在他设计的希尔弗瑟姆市政厅上得到了实证。

高耸的塔楼俯瞰着的这座意味深长的立方体形市政厅建筑，倒映在明亮如镜的人工湖面上，所参照的原型是奥斯特伯格设计的斯德哥尔摩市政厅。从这座市政厅的直角形体量的非对称构图和庄重的

不抹灰的砌体结构中，可以看出杜多克的风格是处于风格派与阿姆斯特丹建筑学派之间的；而他有意地把这座市政厅建在四周有公园环绕之地，又显示出来自欧洲以外的F. L. 赖特的影响。作为对这些不同参照对象的改革和变形，这座市政厅象征着杜多克个人建筑设计风格的顶峰，这种风格是在从1915年开始的第一个工程项目持续到1924年最后这座建筑为止的许多光辉灿烂的设计

中逐渐形成的。

作为希尔弗瑟姆的城市建筑师，杜多克设计了几座公共建筑，为这座城市增添了景色。每座建筑都具有他的体积构图风格的特色，内部构成清楚地把公共的和行政管理的空间划分开来。这种构成是由结构的布局和立面决定的：公共活动频繁的空间就采用开放和宽松的造型，并进一步利用一些形式上的要素（如选择材料和色彩）来加强公共的

↑ 2 临街景观

气氛。

这座市政厅体积匀称的钢筋混凝土结构可以自由地安排由门窗组成的条带。这些装饰性的组件达成与平屋顶的和谐一致，从而在希尔弗瑟姆砂石砖构成的特殊的黄色背景前方，形成了清晰的水平和垂直线条的构图。用于重点装饰的蓝色瓷砖与底部的黑色磨光大理石交相辉映，这种装饰图案是从P.蒙德里安和范·杜斯堡的新古典主义创作中得到启发的。（H.库索利茨赫）

参考文献
⋮
Bergeijk, H. von, *The Complete Works of Willem Marinus Dudok*, 1991.

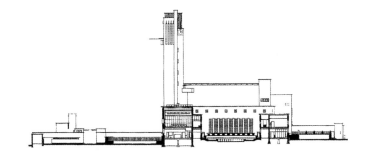

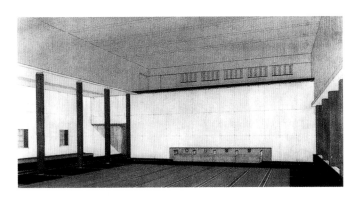

→ 3 临湖立面外观
→ 4 横剖面
→ 5 门厅

图和照片由荷兰建筑学会提供

26. 马蹄形住宅区

地点：柏林，德国
建筑师：B. 陶特
设计/建造年代：1925

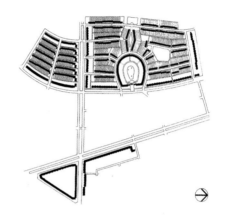

→ 1 总平面

这个住宅建筑群巧妙地把建筑与材料和色彩的感觉以及一种生动的、接近自然背景的氛围结合在一起，从而成为现代建筑运动开端时期标准化社会住宅的一个重要例子。

这个住宅区名副其实，中心是多幢马蹄形的三层住宅单元，中间包围着一块比四周地面低的天然草坪。住宅区沿成排的房屋所形成的辐射状街道扩展，所有的住宅都坐落在宽阔的花园里，并以带有突出楼梯间塔楼的、被戏称为"前线"的多层公寓楼作为边界。32幢带有中央圆形平屋顶的、统一标准化的"马蹄形"住宅单元，形成了住宅中心350米长的外轮廓。陶特的成功在于他设计出了如此不同寻常的立面以及由传统斜屋顶家庭住宅所形成的辐射状街道。依靠创新的造型设计创造出的生动立面和与立面交相辉映的独特色彩，是陶特建筑设计的重要特点。这个住宅区中经过白色光滑抹灰处理的立面就是用效果强烈的彩色特征加以强调的，如用红砖勾画出门廊开口的轮廓，或标出接缝，或使大门变得更为突出和显著；把阳台的内部涂成给人以凉爽感觉的蓝色，或者在屋顶区域以外涂一条水平的蓝色条带。

在这个由多层楼组成的住宅区的例子中，所采用的理性化的建筑设计、预制件结构和系列化的住宅形式，大大提高了住宅

↑ 2 鸟瞰

的经济效益，从而解决了20世纪20年代经济萧条时期的主要社会问题。将较高的美学品质与较高的居住标准相结合，马蹄形住宅区给予了当代创新的住宅设计以很大的激励和鼓舞。（*H. 库索利茨赫*）◢

参考文献
:
Taut, Max, 1884-1967: Zeichnungen, Bauten, Catalogue, Berlin, 1984.

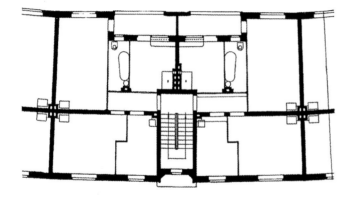

← 3 外观
← 4 二居室公寓的标准平面
← 5 三居室公寓的标准平面

图和照片由艺术协会提供

27. 包豪斯校舍

> 地点：德绍，德国
> 建筑师：W. 格罗皮乌斯
> 设计 / 建造年代：1925—1926

包豪斯学校原来在魏玛，后来由于那里工作条件恶劣，才由德绍市提供校舍基地，建起了新的教学楼以及教师住宅等。这个由三座侧翼楼组成的建筑群包括：一座底层为体育馆的学生宿舍楼，一座教学和行政管理楼，一座玻璃窗占据了醒目位置的实习工场大楼。校长办公室位于连接过街楼下层的关键部位。

整座建筑采用砖填充的钢筋混凝土结构，墙的外表面抹灰、刷浆并涂白漆。窗户由金属框和镶嵌的单片晶质玻璃构成，这种窗子在极冷和极热的季节不能控制温度。建筑内部装饰的色彩、灯具和家具都是由包豪斯自己设计和制作的。因此，这座建筑的空间扩展和内部构成使它成为一个集体的艺术作品的例子。格罗皮乌斯善于安排和调度建筑工艺技巧的各个不同的分支，而不是过分地依赖建筑构件的外观，因此他的设计显示出一种建立在广泛的设计技巧基础上的早期现代主义精神。

格罗皮乌斯坚持认为：为了正确地了解一座建筑，必须在它里面穿行浏览一番，这和勒·柯布西耶提出的在建筑中散步

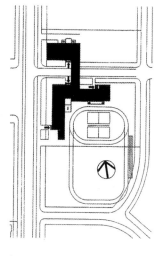

↑ 1 总平面

↑ 2 西向的实习工场大楼

的概念不谋而合。是把建筑想象为一种透明的如实的概念，还是一种经验的或者现象的东西，这是两种引起许多争论的不同认识，但是，它们都与这座建筑的实际相去甚远。包豪斯校舍是最积极倡导新造型精神的有创造性和影响的建筑，但是它与范·杜斯堡提倡的构图语言的细部并不相符。（W. 王）◢

参考文献
⋮

Nerdinger, Winfried, *Walter Gropius*, Berlin, 1985, pp. 70-75.

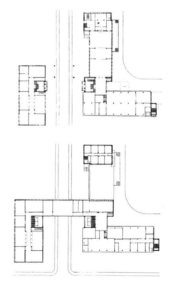

↑ 3 包括楼梯间的室内景观
→ 4 底层平面
→ 5 二层平面
→ 6 行政管理大楼中的过街楼

图和照片由布施－赖辛格博物馆、哈佛大学艺术博物馆提供

28. 魏森霍夫住宅区

地点：斯图加特，德国
建筑师：L. 密斯·凡·德·罗
设计/建造年代：1925—1927

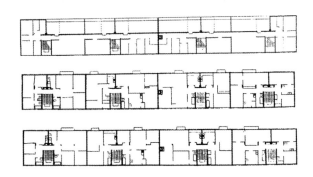

→ 1 楼层平面

↑ 2 起居室（现代艺术博物馆提供）

魏森霍夫住宅区是一项颇有影响的完整的住宅区设计。在密斯·凡·德·罗的总体指挥下，17位建筑师为这个住宅区设计了21座住宅楼，55位室内设计师相应地为这些住宅楼设计了内部装饰和布置了家具。这个住宅区的布局初步是 H. 黑林设计的。这项庞大的住宅区设计，主要是受1912年建于哈根的劳韦里克斯住宅区计划的启发。在该项计划中，许多座独立的住宅排成一条连续的带子状。在魏森霍夫住宅区，为了适应当地的自然地势，较小的住宅单元都排列在密斯·凡·德·罗设计的多层条状住宅楼的前面。

由于这个住宅区是为中产阶级建造的，所以住宅和公寓里都配有保姆室以及其他设施。这个住宅区的设计中比较新颖的是建筑的类型、标准化和材料，所有这些方面集合在一起，就构成了一种抽象派美学。最为极端的也许当属 J. J. P. 奥德设计的联

↑ 3 公寓临街立面景观 (符腾堡州全国图片服务公司提供)

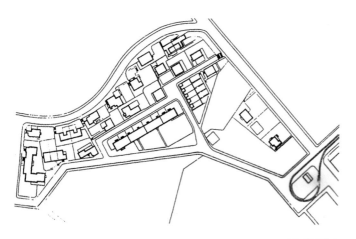

排式住宅，其中甚至连钢管做的椅子也是水平的方座和绝对垂直的平靠背。另一个极端是J. 弗兰克设计的无装饰和不规则的帕拉第奥式平面，里面铺满了镶木地板和装套的扶手椅。尽管建筑的混杂性通常都被建筑史的作者们掩饰掉了，但是他们无法阻止善于观察者去发现每项设计的真正丰富之处。
（W. 王）

参考文献
⁞
Kirsch, Karin, *The Weissenhof-siedlung*, New York, 1989.
Pommer, Richard, and Christian F. Otto, *Weissenhof 1927 and the Modern Movement in Architecture*, Chicago, 1991.

← 3 总平面
← 4 沿街全景（符腾堡州全国图片服务公司提供）
← 5 临街立面景观（现代艺术博物馆提供）

29. 基夫胡克住宅区

> 地点：鹿特丹，荷兰
> 建筑师：J. J. P. 奥德
> 设计/建造年代：1925—1928

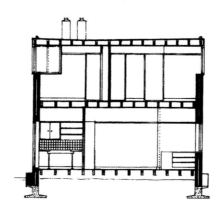

↑ 1 剖面

在1929年举行的国际现代建筑协会（CIAM）第二次会议上，鹿特丹的基夫胡克住宅区被当作小型住宅的一个典型。这个1925年兴建的低层大面积住宅区，使奥德成为建筑功能主义和现代主义的奠基人之一，代表了20世纪20年代荷兰社会对建筑的看法。

1915年奥德与范·杜斯堡和蒙德里安一起成为风格派的创始人，并共同倡导先锋派理论，1918年至1933年在鹿特丹住宅建筑委员会从事设计工作，基夫胡克住宅区的设计就是他在这个时期完成的。这个住宅区由多排两层楼的住宅构成，形成了平行的街道，并从街道后退，紧靠屋后的花园。这300多套供多子女家庭居住的独特公寓住宅旁边，有工场、商店、行政管理大楼和一座教堂。

在每套住宅的上面一层，颇具特色的横向窗把几幢建筑联系在一起，给人一种这是单独的一座无限长的建筑的印象。由此产生的严格水平取向，造成了突出街道的效果。在几座简洁的立方体连接之中，其造型的精细清晰可见。半圆形的阳台、商店大楼的圆角，以及对其色彩要素的巧妙安排，是这个住宅区另一个重要的特色。如基部的黄色砖结构，灰色或黄色的窗框以及红色的门，与鲜明的白色墙面形成了强烈的对比。

↑ 2 公寓住宅

在这个住宅区的建筑设计中，依靠理性化而经济地采用了诸如钢筋混凝土、玻璃和钢一类的标准化、大量生产的材料，标志着建筑功能主义的发展。基夫胡克住宅区不仅是建筑功能主义的一个例证，而且对住宅区建筑历史产生了强烈的影响。(H. 库索利茨赫）◢

参考文献

Günther, Stamm, *J. J. P. Oud: Bauten und Projekte 1906 - 1963*, Mainz, 1984.
Umberto Barbieri, *J. J. P. Oud*, Zürich, 1989.

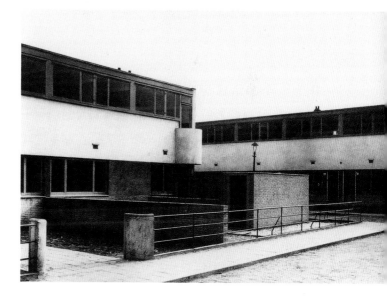

↑ 3 鸟瞰
↑ 4 沿街景观

图和照片由荷兰建筑学会提供

30. 宗纳斯特拉尔疗养院

地点: 希尔弗瑟姆, 荷兰
建筑师: J. 杜伊克尔
设计/建造年代: 1926—1928

← 1 鸟瞰

作为一个肺结核病的治疗机构, 这座疗养院的各个部分是按照当时对住院病人进行治疗的要求组织的, 病人将在这里的阳光下和露天的空气中长期疗养。由于住在这里的都是男病人, 因此他们还可能参与像做木工活一类的活动。疗养院里有四座两层的侧楼, 它们两座一对地建在一个娱乐中心附近。当病人患的是急性肺结核时, 他们将住在其中的一座侧楼里。一旦复原了, 他们就要搬到森林中的小屋里去, 在那里继续恢复精力。

中央的主楼主要用于容纳医疗设施, 顶层的餐厅还被用来举行聚会和其他社会活动。主楼的中心地位由于它的圆形屋顶而得到加强, 这个圆形屋顶还标示出整个建筑群十字形布局的交叉点。杜伊克尔把建筑群各组成部分表面上看似随意的布局与一种轴线秩序结合起来, 从每个构型中都可以看到他对平衡与不平衡的灵活运用。

在这座疗养院建筑中, 最令人瞩目的是建筑细部和比例关系。钢筋混凝土构件减小了这些普通的两层楼建筑的体积, 并赋予它们尽可能苗条的外形, 反过来这也是这些楼房上的窗框精致纤巧的原因。楼房少数几个体积庞大的结构（如圆柱形的楼

↑ 2 主楼

↑ 3 带花园的全景
↑ 4 主入口

梯间）与薄的墙和地面以及小巧精致的窗框形成了对比。轻巧的造型、流动的白色表面和独具特色的布局，赋予这座疗养院以光彩照人的外观。（W. 王）◢

参考文献
⋮
Vickery, Robert, "Bijvoet and Duiker", in: *Perspecta 13 & 14*, New Haven, 1971, pp. 130-161.

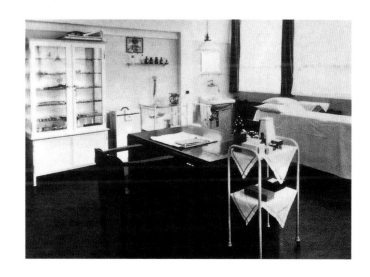

↑ 5 服务人员住所（荷兰建筑学会提供）
↑ 6 诊疗室

除署名者外，其余照片由阿姆斯特丹国际社会史学会提供

31. 卡尔-马克斯-霍夫住宅区

> 地点: 维也纳, 奥地利
> 建筑师: K. 恩
> 设计 / 建造年代: 1927

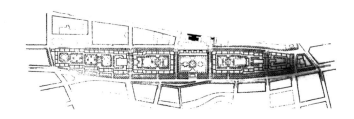

→ 1 总平面

↑ 2 鸟瞰

由于具有社会、历史意义, 而非以风格创新, 卡尔-马克斯-霍夫住宅区成为建筑史上一项声名卓著和有典型影响的住宅建筑工程。在20世纪20年代经济萧条时期, 社会主义者统治下的维也纳市(原来庞大的多民族帝国衰败残存的首都)提出了一项社会住宅建设计划, 以应付日益严重的失业和居住条件恶化问题。

这个工程项目由K. 恩设计, 他是O. 瓦格纳的学生和维也纳市建筑师。通过这项计划, 可以为5000个原来住房困难的人提供住所, 并为失业大军提供就业机会。住宅区里每个单元不同寻常的"豪华"和雄伟得像堡垒似的外观, 使之被称为"人民福利宫"也十分恰当。而事实上, 在1934年的内战时期, 它们也的确成了社会主义者抵抗奥地利法西斯的真正堡垒。

在一条长一千米的狭长地带上, 有特色的红色

↑ 3 主立面外观

→ 4 朝向利奥波德斯堡带有母亲咨
　　询室的庭院

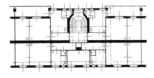

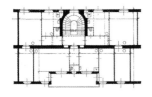

↑ 5 侧翼楼
↑ 6 标准公寓楼层平面
↑ 7 标准公寓楼层平面

图和照片由奥地利国家图书馆提供

和赭色的一座座建筑鳞次栉比，使人不由得想起它的原型——阿姆斯特丹学派的德克莱克设计的住宅区。绵长的立面以表现主义的色彩和造型（如立有旗杆的塔楼、阳台、突出部和拱廊等）展示它的重点和韵律。多层的大楼被安排在大型草坪庭院的边缘，其中有社区设施，如洗衣房、幼儿园、公共浴室、社区食堂和图书馆等，显示出住宅区社会功能的完备。除此之外，住宅区内分布的装饰雕塑成为自由、福利和启蒙等这些社会理想的象征。

这个住宅区1400套面积在38平方米和48平方米之间的公寓是成批建造的，充分考虑了当时住房短缺的情况，并注意保持了较高的质量标准。但是，过分着力设计的外部形式（由于廉价的劳动力使其成为可能）毕竟与简朴公寓的有效品质之间出现了矛盾。设计中，形式

上的优先超越了对舒适性的考虑，而且没有采用当时的功能和技术设备。除了变换了一些典型的传统建筑形式（如雅致的庭院）之外，这个奥地利的住宅建设项目都滞后于当代的先锋派，例如魏玛共和国时期的当代住宅建筑。（H. 库索利茨赫）◢

参考文献
⋮

Achleitner, Friedrich, *Wiener Architektur, Zwischen typologischen Fatalismus und semantischem Schlamassel*, Vienna, 1996.
Annette Becker, Dietmar Steiner, Wilfried Wang (eds.), *Österreichische Architektur im 20. Jahrhundert*, Frankfurt, 1995.

32. 圣安东尼厄斯教堂

地点：巴塞尔，瑞士
建筑师：K. 莫泽
设计 / 建造年代：1927

风格粗犷的混凝土台阶入口吸引着过路人的注意，并把人们引进瑞士第一座现代混凝土教堂建筑的内部。中殿的立方体形状是由全部采用不抹灰的混凝土结构所决定的，明显是参考了M.杜多克的立方体布局方法，这种造型给人以纯粹派的、粗犷的和实用的印象。

虽然为了保证与周围住宅的一体化而采用适当的屋檐高度，但是这座教堂的整体形象依然保持了代表神圣宗教内涵的崇高和显著的地位。位于长方形中殿后端的大门，以改变传统的宗教形式而显

示其重要性，它把通往上帝殿堂之门变成了一种布景，与附属于圣坛的作为教堂标志的70米高的钟楼遥相呼应。

几座忏悔室所在的纵向立面，交替分布着彩色玻璃窗，使教堂内部具有一种非物质化的氛围。七对细长的柱子支撑着传统三跨大厅的筒形拱顶的帐幕状顶棚，给人以明亮辉煌和空间扩展的印象。深思熟虑以后决定在教堂的建筑结构上只采用混凝土作为主要材料，这来源于早期基督教教堂或晚期哥特式天主教教堂的清教徒式的节俭。教堂中随时间

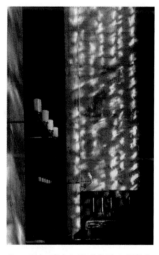

↑ 1 圣坛后墙上的反光镜（基诺尔德提供）

↓ 2 总平面（基诺尔德提供）

↑ 3 正面外观和钟楼（苏黎世高等工业大学提供）

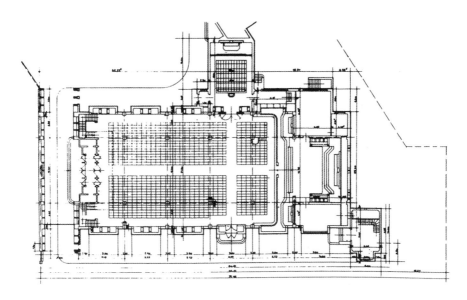

↑ 4 底层平面（基诺尔德提供）

↑ 5 布道坛和玻璃窗（基诺尔德提供）

↑ 6 主入口（苏黎世高等工业大学提供）

↑ 7 布道坛的教堂内景（苏黎世高等工业大学提供）

的推移和季节的更迭而造成的彩色光线的变化，增加了教堂内的生气。

与使用钢筋混凝土的更激进的工程先例（如 A. 佩雷特1923年在设计靠近巴黎的兰西圣母教堂时所采用的大面积玻璃窗）比较起来，莫泽还没有实现这种新材料全部的构造可能性，只是对不抹灰的混凝土材料也可以用于一种较高级建筑再次进行了肯定。（H. 库索利茨赫）◢

参考文献
⋮

Die Antoniuskirche in Basel, in: *Das Werk* 1927, pp. 131–139.
Von Moos, Stanislaus, "Karl Moser und die moderne Architektur", in: K. Medici-Mali(ed.), *Fünf Punkte in der Architekturgeschichte*, Basel, 1985, pp. 188–275.
Christ, Dorothea(ed.), *Die Antoniuskirche in Basel*, Basel, 1991.

33. 阿维翁旅馆

地点: 布尔诺, 捷克
建筑师: B. 富赫斯
设计/建造年代: 1927—1928

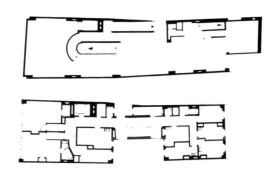

→ 1 楼层平面

阿维翁旅馆坐落在布尔诺市内城繁华的购物街的一块狭小的用地上, 这座旅馆和咖啡厅以一种抽象的建筑语言把人们对一座城市设施的传统期盼综合在了一起。在旅馆的入口处, 布置在地面中央的一段楼梯, 把旅客带进二层中间的咖啡厅。与大楼另一侧三层高的辅助空间相比, 两层的咖啡厅连同夹层占据了楼内的主要体量。受狭窄的用地限制, 两段楼梯之间的平台用作通往另外楼层卧房的通道。最上面的两层缩进一段距离, 以满足当时大街轮廓的要求。

公共楼层临街的立面用镶在金属框中的白色大理石贴面, 并且稍微凸出建筑平面, 以至可以把它看作一面巨大的凸窗。大窗扇使内部与外部之间产生一种密切的联系。旅馆的立面是抹灰的, 卧室房间的窗户是成对的, 造成了一种水平条带的效果。

总而言之, 富赫斯

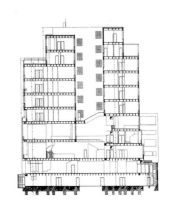

↑ 2 剖面

设计的这座旅馆和咖啡厅
充分发掘出了狭小用地所
限定的空间的潜力。这使
人联想起A. 路斯的"空
间设计"：慎重而严格地
区分空间，有效和创造性
地利用通道系统，从而创
造出一种明显和清晰的房
屋序列。由于在建筑的主
立面上分散地使用不同的
材料，这座旅馆大楼的外
观既是现代的，又是传统
的。(W. 王)◢

参考文献
┊
Kubinszky, Mihàly, *Bohuslav
Fuchs*, Budapest, 1986.

⇢ 4 立面细部 (德国建筑博物馆提供)
⇢ 5 餐厅内景

除署名者外，其余图和照片由 V. 斯拉
佩塔提供

34. 勒默施塔特住宅区

地点: 法兰克福, 德国
建筑师: E. 梅, H. 伯姆, W. 班格特
设计 / 建造年代: 1927—1928

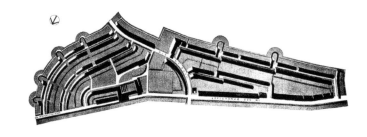

→ 1 总平面

↑ 2 两层楼住宅门口的雨罩(保罗、
沃夫和特里奇勒事务所提供)

　　人们记忆中，罗马式住宅区的建筑风格与范围广阔的住宅单元群的布局相结合，使勒默施塔特住宅区成为两次世界大战之间卓越的大规模群众住宅建筑设计的一个最引人注意的例子。这个住宅区的北面，以一排连续的公寓大楼作为屏障，其余的是大量由低层联排住宅构成的居住单元。住宅区内的街道和住宅单元被仔细地连接成一条柔和的曲线，从中可以清楚地辨认出住宅区是由一系列完全相同的部分组成的。建筑外部最有特色的部分莫过于半圆形的钢筋混凝土露台，可以理解为是参照罗马帝国的堡垒设计的。露台与靠近它的台阶一起，把居住者与住宅区南面的美因河平原和公园的景色直接联系了起来。

　　勒默施塔特住宅区内有1220套住宅单元，每套单元内都包含有被称为"法兰克福厨房"的变体，那是奥地利建筑师G.

↑ 3 鸟瞰

↑ 4 公寓住宅

许特–利霍茨基1926年专为法兰克福市大众住宅建设计划设计的一种合用的厨房系统。这里的住宅还普遍配有流水线生产的家具，给广大的居民以简朴的舒适感。

　　这个住宅区还有一些配套的辅助设施，如商店和公立学校，它们是由M. 埃尔萨塞尔设计并于1928年建成的。在住宅区的东部，有大量分配给每个住宅单元的花园，用于种植蔬菜，以响应战后L. 米格所宣传的自给自足思想。

（W. 王）◢

参考文献
┊
Dreysse, D. W. , *Ernst May und Frankfurt* am *Main*, Frankfurt am Main, 1990.

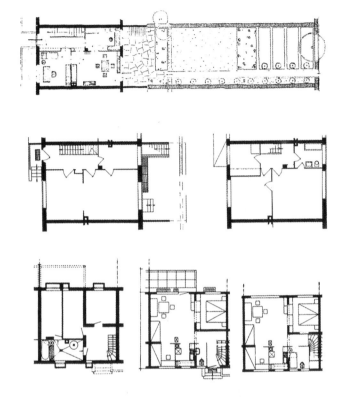

↑ 5 一户家庭的住宅平面
↑ 6 公寓平面
↑ 7 两户家庭的住宅平面
↑ 8 公寓住宅

← 9 公寓大楼前的配给花园
← 10 一户家庭的住宅
← 11 两户家庭的住宅和公寓

除署名者外，其余图和照片由
城市历史学会提供

35. 范内莱工厂

地点: 鹿特丹, 荷兰
建筑师: M. 布林克曼, L. C. 范德弗吕赫特, M. 斯塔姆
设计/建造年代: 1927—1929

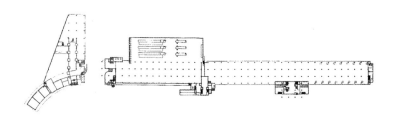

↑ 1 楼层平面（乌德勒支商业历史中心提供）
↓ 2 立面（乌德勒支商业历史中心提供）

范内莱工厂从事烟草、茶叶和咖啡的包装业务，厂房四周的玻璃窗给这座工厂建筑增添了一种特别敞亮的气氛，与其所矗立的在战前年代建造的传统砖石结构建筑群形成对比。厂房四周的玻璃窗填补了各层楼板之间的空间，形成了一种完全相同的层次重叠，这种处理手法不像砖石柱和钢型材那样只表现一种静止的力量。蘑菇头钢筋混凝土柱网和楼板在室外是看不见的，可以看到的是某些生产过程，如半成品在皮带运输导槽中传送的情况。

这个工厂建筑群的总体规划体现出了一种始终如一的理性主义设计思想。唯一的曲线只是规划图中次要的部分，虽然它在可能缺乏视觉刺激的建筑中肯定会起作用。

从这座工厂的建筑设计里，人们可以看到新客观主义的设计原则在一个像工厂之类突出的理性主义的工程项目上的首次大

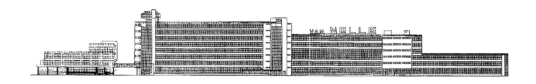

↑ 3 外观全景（乌德勒支商业历史中心提供）

→ 4 办公室内景（乌德勒支商业历
　　史中心提供）

→ 5 办公室内景（鹿特丹市政档案
　　馆提供）

→ 6 立面和柱子（鹿特丹市政档案
　　馆提供）

↑ 7 连接桥楼（乌德勒支商业历史中心提供）

规模使用。这种设计原则
使用的普遍性，从这座工
厂的内部也可以观察到，
如简朴的灯具、光滑的地
板表面、钢制家具（如钢
扶手）等，都给人以讲求
实际的印象。在这种设计
思想方面，M.布林克曼和
L.C.范德弗吕赫特的主要
合作者M.斯塔姆持有一样
的看法。(W.王)

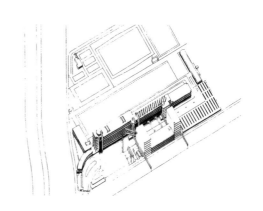

→ 8 总平面透视图（鹿特丹市政档
案馆提供）
→ 9 办公室内景（鹿特丹市政档案
馆提供）
→ 10 楼梯间内景（鹿特丹市政档案
馆提供）

36. 圣罗西教区胜利的上帝之母教堂

地点：比亚韦斯托克，波兰
建筑师：O. 索斯诺夫斯基
设计 / 建造年代：1927—1944

↑ 1 内景

教堂建在比亚韦斯托克城（人口为28万）轮廓线的小山上，坐落于一个古代墓地之上。因波兰在被邻国统治了123年之后重获自由，为了颂扬胜利的上帝之母，表达对上帝的感激之情，建造者修建了这座教堂。尽管为这个教堂举办了一次建筑竞赛，但没有一个方案入选。也许是得益于以前所做的教堂建筑而赢得的声誉，O. 索斯诺夫斯基（1880—1939年）得到了教堂建筑委员会的委任。

教堂平面为八边形，有八个半圆形的附加结构（教堂总直径大约为56

米）。其中两个对称地设置了入口门廊，另两个包含附设房间和塔基，其他四个则是主祭坛（东向）和三个小礼拜堂。教堂中部顶端覆盖着八角形的双层玻璃的锥形结构，跨度为22米，其顶部离地36米。然而从外部观看，这个锥形结构隐藏在一个阁楼的墙体后面。塔从建筑主体中伸展出来，成为教堂和周围环境中一个重要的竖向构图元素。该建筑的空间几何形体和它采用的钢筋混凝土构件，尤其是晶体状的建筑结构，使它迥然不同于20世纪20年代末期建筑的"时代精

↑ 2 教堂鸟瞰

神"（因为A. 佩雷特、B. 陶特和W. H. 勒克哈特作品而得名）。位于比亚韦斯托克城的圣罗西教区教堂（尽管由于O. 索斯诺夫斯基在1939年9月华沙包围中不幸死去，室内设计后来由一些缺乏才气的人们完成，效果不是很理想）是波兰表现主义和装饰艺术的杰出代表作，是欧洲的这个地区继承此风格的唯一作品。（PIA）◢

↑ 3夜景

文字、图和照片由波兰建筑师协会提供

37. 米勒住宅

地点: 布拉格，捷克
建筑师: A. 路斯
设计/建造年代: 1928, 1929—1931

这座住宅是为建筑承包商F. 米勒一家建造的，路斯把帕拉第奥式的向心性布局和沿着主楼梯间盘旋上升的造型结合起来，使这座住宅成为他精练的空间交错构图的顶峰。从住宅外面可以看到一小部分多样化的室内装饰，建筑师的部分设计意图可以从中略知一二。位于住宅深处的闺房，俯瞰着豪华的起居室，这是家居类型建筑在观念上、空间上和几何形式上最突出的部分。

立面设计在原有的基础上做过许多次更改，最后的立面设计显示出一种安详和静谧。住宅入口的

立面上有一段服务楼梯，以其对入口立面的影响而成为一个奇景；虽然设置这样一个锯齿形的角落仅仅是为了达到室内和室外构图上的平衡。由于像这样注意平衡感觉，这个住宅总体构图的复杂性在外观上解决得比较理想。

住宅装修的工艺水平和精致材料的选择（无论是闺房内的淡黄色木墙壁饰面，还是起居室内的云母大理石贴面），都是在寻求一种盎格鲁-撒克逊人与东方世界之间的平衡。虽然路斯在更早设计的公共建筑和私人建筑中，经常是以古代建筑作

↑ 1 远景（德国建筑博物馆档案室提供）
↑ 2 立面细部（阿尔贝季纳提供）

↑ 3 外观（W. 王提供）

为参考，但是在这座住宅的设计中，这样的古典建筑参考消失不见了，而让位于抽象的内部装饰。在家具和陈设上，路斯再次选择了已有的形式以及自己新的设计。路斯在米勒住宅设计中所运用的这种方法，与 J. 弗兰克设计的住宅如出一辙，表现出

与正统的现代主义迥然不同。（W. 王）◢

参考文献
:

Münz, Ludwig and Gustav Künstler, *Der Architekt Adolf Loos*, Vienna, 1964, pp. 133–143.
Rukschcio, Burkhardt and Roland Schachel, *Adolf Loos*, Salzburg, 1982, pp. 610-616.

← 4 门厅及通向闺房的楼梯（德国建筑博物馆档案室提供）
↑ 5 地下室平面
↑ 6 底层平面
↑ 7 二层平面
↑ 8 剖面

↑ 9 闺房（阿尔贝季纳提供）

38. 露天学校

地点: 阿姆斯特丹,荷兰
建筑师: J. 杜伊克尔
设计/建造年代: 1928—1930

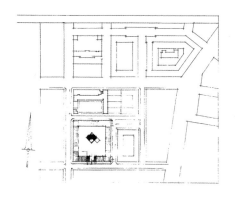

→ 1 总平面

与设计宗纳斯特拉尔疗养院的基本指导原则相似,杜伊克尔运用新客观主义原则设计了这所学校。这所学校的建筑场地原来比较开阔,但是后来被扩展的阿姆斯特丹南部市区所包围。一座四层大楼像开敞的扇形,以斜轴面对原来场地的入口,迎接着到达的来访者。这所学校在平台上设有室外露天教室,采用辐射式的地板供暖系统。

六根外部的钢筋混凝土柱子保证了户外教室内形成无柱的角隅。这所学校的建筑特点不仅表现在平台的户外教室上,还表现在楼内封闭教室的玻璃窗的微小细节上。建筑师把露天教室的窗户处理为连续的栏杆柱的一部分,从而使大楼的平台部分更加引人注目。

大楼的底层容纳了学校大部分的行政管理部门和浴室,另有一部分在分开的侧楼内。这样,就使大楼上面的几层显得更加清楚和突出,从而以一种展示的和近乎宣传的方式更加强调这是一座公共建筑。后来,杜伊克尔在谈到露天学校时曾以一种理想主义的口吻写道:它是儿童需要"紫外线"的明显结果。(W. 王)

参考文献
:

Vickery, Robert, "Bijvoet and Duiker", in: *Perspecta 13 & 14*, New Haven, 1971, pp. 130-161.

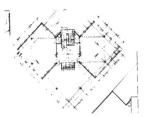

↑ 2 东北面外观
← 3 上部楼层平面
← 4 底层平面

→ 5 南面外观
→ 6 露天教室

图和照片由荷兰建筑学会提供

39. 德国工会联盟学校

▌ 地点: 贝尔瑙, 德国
▌ 建筑师: H. 迈耶, H. 维特纳
▌ 设计/建造年代: 1928—1930

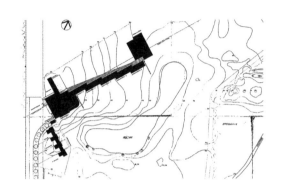

→ 1 总平面（德国建筑博物馆档案室提供）
↓ 2 公寓住宅中的起居室（德国建筑博物馆档案室提供）

这是一所工会工作人员的成人教育学校，学员要在这里参加两个月的课程。迈耶的处理方法是设计出一个非常独特的建筑群，为教师提供单独住

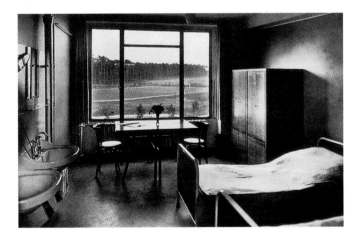

宿，向学生们提供条件相似的集体宿舍。按照这样的设计，120名学生被分在五幢楼房内。这五幢楼房依缓坡地势而建，并巧妙地利用楼梯的半中腰作

为空间的转折点。带落地玻璃窗的坡道把五幢楼房连接在一起。与此类似，教师的住宅楼也是交错排列的，以与作为学生宿舍的侧楼平衡。建筑群的中心是主大厅和食堂等公共设施，建筑群的东端是体育馆和阅览室。

虽然迈耶一直主张讲究实际，而一种内心的关注毫无疑问地渲染了学校的整体形象效果。建筑师的构图技巧和对学校建筑类型传统的通晓，使一个

↑ 3 学校东侧外观（德国建筑博物馆档案室提供）

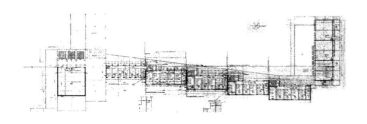

外界观察者会把这所和周围景色融为一体的学校与中世纪的修道院甚至新古典主义建筑典范（如T. 杰斐逊为弗吉尼亚大学设计的校园）联系起来。

除了构造表现十分简洁以外，这所学校里有许多精致和新颖的东西，如仔细设计的玻璃窗细部以及现代化的投影和讲课设备。这所学校的其他设计竞争者（如E. 门德尔松和M. 陶特）可能是因为没有适应业主对于建筑优美程度的特定要求而落选，所以才使号称实际主义者的迈耶以他明智的设计造型赢得这项设计的委托。M. 比尔在此后大约20年设计的乌尔姆工业设计高等学校中可以看到这所学校建筑的影响。（W. 王）

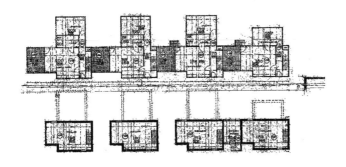

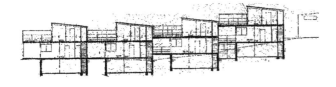

↑ 4 主楼的一层平面（柏林的历史委员会提供）
↑ 5 公寓住宅的平面、剖面和立面（柏林的历史委员会提供）
↑ 6 公寓住宅西北面外观（德国建筑博物馆档案室提供）

参考文献
：
Schnaidt, Claude, *Hannes Meyer*, Teufen, 1965, pp. 40-53.
Winkler, Klaus-Jürgen, *Der Architekt Hannes Meyer*, Berlin, 1989, pp. 91-106.

↑ 7 鸟瞰（德国建筑博物馆档案室提供）

↑ 8 主楼与公寓住宅之间的休息室（德国建筑博物馆档案室提供）

↑ 9 公寓住宅楼梯间（德国建筑博物馆档案室提供）

40. 图根哈特别墅

地点: 布尔诺，捷克
建筑师: L. 密斯·凡·德·罗
设计/建造年代: 1928—1930

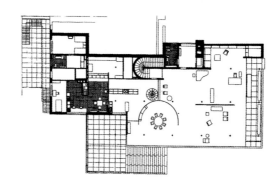

→ 1 主楼层平面

一座20世纪偶像级的建筑在捷克的小省城布尔诺（20年代欧洲先锋派建筑的首府之一）诞生了，这就是密斯·凡·德·罗设计的图根哈特别墅。他把巴塞罗那展厅的形式观念转化为私人住宅，创作出了这项极其雅致而又招致许多非议的杰作。

这座独立的住宅坐落在一处斜坡上，它的两层楼的一面朝向花园，单层的另一面朝向大街。朝街面的白色抹灰立面显得冷漠而严峻，一面乳白色的玻璃屏风遮掩住了大门，给人一种与世隔绝的冷淡印象。住宅的室内构造选用了豪华的材料并设计成优美的比例。建筑构件的抽象化创造出了一个流畅连续的、达到了最大极点的空间，这个空间整个包在玻璃墙里。玻璃墙使起居室可以看见花园，造成内部和外部空间一种独特的流动。室内设计明快而不夸张：外国木材或稀有石材制作的独立隔断强调了房间的连续性，又造成空间的隔离和限定某些功能，如用于娱乐或专心思考。

密斯·凡·德·罗信奉"少就是多"的格言，这表现在他减少和简化形式构件的激进行为上，但是采用价格昂贵的稀有材料却是他的一个内在的矛盾。这所住宅中的大玻璃窗、条纹玛瑙石墙和热带木材，以及珍贵独特的家具和优美雅致的艺术品，创造出一种高贵的氛围。

↑ 2 花园景观

这种豪华奢侈明显地触犯了经济萧条时期的建筑社会概念，因而引起了强烈的批评。尽管如此，图根哈特别墅毕竟奠定了密斯·凡·德·罗作为现代主义运动倡导者的地位，并且成为他的设计思想与建筑风格的一个典型代表。（H. 库索利茨赫）◢

参考文献
⋮
Tegethoff, Wolf, *Mies van der Rohe: Die Villen und Landhausprojekte*, Skrefeld(Exhib. Cat.) and Essen, 1981.
Cohen, Jean-Louis, *Ludwig Mies van der Rohe*, Basel, Berlin, Boston, 1995.

→ 3 入口
→ 4 草图
→ 5 临街楼层平面

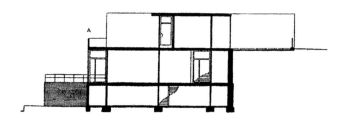

↑ 6 餐饮和起居空间
↑ 7 起居空间
← 8 剖面

图和照片由现代艺术博物馆提供

41. 马赫纳茨疗养院

> 地点：特伦钦斯克 – 特普利采，斯洛伐克
> 建筑师：J. 克赖察尔
> 设计 / 建造年代：1929，1930—1932

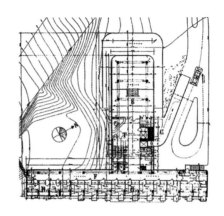

→ 1 底层平面和车道

马赫纳茨疗养院坐落在矿泉疗养胜地特伦钦斯克 – 特普利采的一片林地，建筑的T形设计体现着来自两方面的影响：阿尔托设计的帕伊米奥疗养院和勒·柯布西耶设计的巴黎瑞士学生宿舍。两层楼的公共侧楼支撑在短柱上，它的底层可以停车。曲线形的钢筋混凝土构件和通往大楼的弯曲车道，使克赖察尔设计的这座疗养院让人回忆起阿尔托设计的帕伊米奥疗养院。而卧室楼的墙体又使这座疗养院像是同时代的巴黎瑞士学生宿舍的更合理的变型。

在公共侧楼内，克赖察尔把餐室安置在低层，把俱乐部安排在上层。卧室楼的顶层，是一个朝东的宽阔的露台。卧室的布置使病人不会受到穿堂风的影响；另外房间是隔声的，房间的朝向既保证能得到阳光又不致在午后过热。

与20世纪20年代流行的先锋派建筑相同，克赖

↑ 2 楼梯间

↑ 3 显示主通道的南面外观

察尔在设计这座疗养院时
也采用了一些海船的装饰
母题，比如电梯井的顶部
像是一艘轮船的烟囱，又
比如采用金属管扶手等。
漂亮的窗框零件和其他精
致的装饰，使得这座疗养
院建筑极具特色，成为一
个现代建筑的重要典型。
（W. 王）◢

参考文献
⋮

Foltyn, Ladislav, *Slowakische Ar-chitektur und die Tschechische Avantgarde*, Dresden, 1991, pp. 138-139.
Svàcha, Rotislav, *Jaromir Krejcar 1895-1949*, Prague, 1995, pp. 109-116.

→ 4 屋顶露台
→ 5 疗养院外观、显示带坡道的侧
　翼楼和屋顶露台

图和照片由 V. 斯拉佩塔提供

42. 贝尔博士住宅

地点：维也纳，奥地利
建筑师：J. 弗兰克，O. 弗拉赫
设计／建造年代：1929—1931

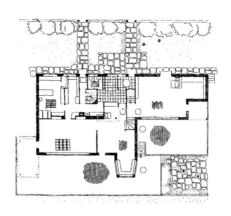

← 1 底层平面

↑ 2 门厅

从表面上看，贝尔博士住宅可以归类为当时占主导地位的现代主义风格的白色建筑：它的简朴的临街立面甚至与勒·柯布西耶设计的巴黎人的住宅十分类似。但是，贝尔博士住宅却与它们毫无共同之处，这座住宅是对于所谓"居住机器"的批判。因为它里面确实有许多优美雅致的东西，例如门厅里的走廊和旋转楼梯是用波斯地毯装饰的，还有带坐垫的安乐椅、绣花窗帘

和大钢琴。临花园一面的建筑形式更加丰富多彩，如巨大的凸窗、宽敞的露台、小巧玲珑的阳台，其对称和不对称造型的变幻运用，在现代性上甚至更有"非正统"的意味。

弗兰克以他设计的立面图上的随意而奇特的控制线条，批判了勒·柯布西耶"基准线"理论的荒谬可笑。他认为那只是纸面上的比例设计，在三维空间中毫无意义。

这所住宅的空间序列

↑ 3 面向花园的住宅外观

正如弗兰克1931年所写的一篇短文的题目,"住宅像一条大街和一座广场"。这种设计思想更多归功于阿尔伯蒂关于住宅像是一座小城镇的概念,而不像现代主义的建筑概念。弗兰克的看法是:建筑应是使人多样的活动可能得以实现的东西,而不是限定它们的东西。按照这样的思路,他使贝尔博士住宅成为一个成熟的与现代主义高度逆反的例子。这所住宅虽然有多种多样的室内空间,但是仍然留给居住者充分扩展生活的足够余地,因此它完全不像是一台束缚人的机器。(W. 王)

参考文献

Spalt, Johannes, and Hermann Czech, *Josef Frank 1885-1967*, Vienna, 1981.
Bergquist, Mikael and Olof Michelsen, *Josef Frank Architektur*, Basel, 1995.

↑ 4 侧面外观
↑ 5 朝向楼梯的门厅

43. 措洛纳德大桥

地点: 皮耶什佳尼，斯洛伐克
建筑师: E. 贝吕斯
设计/建造年代: 1929—1931

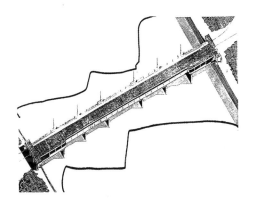

→ 1 轴测投影平面

措洛纳德大桥（Colonnade Bridge）是一座钢筋混凝土的人行桥，它把矿泉疗养城市皮耶什佳尼与河中岛屿上的疗养设施连接起来，桥上还有为疗养游客开设的商店和画廊。大桥的一部分带顶且为玻璃窗包围，它代表着具有纪念意义的现代城市建筑的联合，继续设计出这样的建筑一直是贝吕斯后来建筑师生涯的理想。这座横跨瓦赫河的大桥不仅便利了公共交通，而且也是对

↑ 2 露天人行走廊

↑ 3 有顶门廊入口

这座疗养城市游乐休闲特
点的支持。

　　除了构件中互相垂直
正交的零件以外，这座大
桥与其他桥梁一样，它的
结构也具有柔和的曲线形
轮廓。支柱、屋面外形和
钢管架构的长凳都是经过
精心设计的，它给过桥的
人以一种恰当的大方的体
验。（W. 王）

参考文献

Foltyn, Ladislav, *Slowakische Architektur und die Tschechische Avantgarde*, Dresden, 1991, pp. 103-104.
Dulla, Matùs, *Architekt Emil Bellus-Regionàlna Moderna*, Bratislava, 1992.

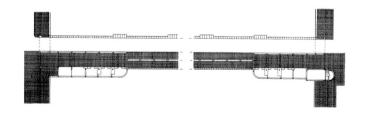

→ 4 全景
→ 5 入口
→ 6 平面

图和照片由斯洛伐克科学院提供

44. 达曼住宅

地点：奥斯陆，挪威
建筑师：A. 科斯莫
设计/建造年代：1930—1932

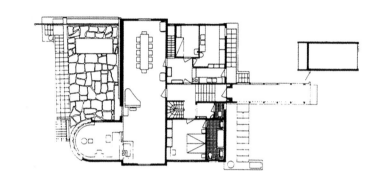

→ 1 底层平面
↓ 2 地下室平面
↓ 3 起居室和工作室剖面
↓ 4 入口剖面

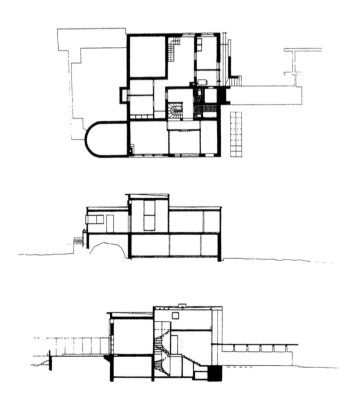

住宅入口设置在建筑场地的一端和道路的尽头处，在这里公共空间开始变成私人空间。在这个空间顺序的末尾，以独特向内的纵向起居室和餐室作为顶点。起居室不对称布局的半圆形凸窗，展现着周围风景的全貌。虽然科斯莫后来的设计明显地受到了正统现代主义的影响，但是此时密斯·凡·德·罗或勒·柯布西耶设计的那种权威性的住宅仍在建造中。这所

↑ 5 主入口

↑ 6 东面外观

基础坚固、外形优美的住宅和它出色的门廊，采用了传统的构图方式，而不是现代主义的抽象派手法。在这里，科斯莫可能把K.菲斯克尔设计的1925年巴黎世界博览会的丹麦馆作为一个参考。

住宅的主要房间被设计来收藏大量的绘画，因此选择了玻璃天窗，以保证有足够的悬挂绘画的空间和避免直射的阳光。住宅的前部是两层楼，上层用作卧室。

至于构图处理方面，壁炉充分显示出荷兰建筑师杜多克对科斯莫的影响。虽然科斯莫偏爱精巧造型和雕塑技巧（从他的工业设计项目中可以看出这一点），但他永远没有置身于现代主义过分简单化的营垒之中，正如他后来为斯特纳森设计的住宅所证明的那样。◢

⋮

Norberg-Schulz, Christian, *Arne Korsmo*, Oslo, 1986, pp. 46-50, 92-98.

↑ 7 南面外观
↑ 8 起居室

↑ 9 工作室

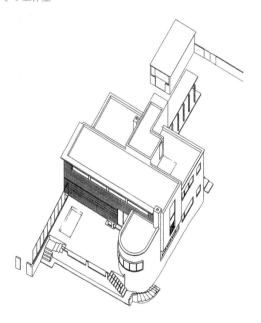

↑ 10 轴测图

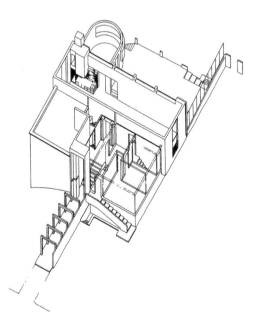

↑ 11 轴测剖面
图和照片由挪威建筑博物馆提供

45. 布茨工厂

> 地点: 诺丁汉，英国
> 建筑师: E.O.威廉斯
> 设计/建造年代: 1930—1933

布茨工厂是一座包括加工处理厂房和包装厂房的大型化工厂，长期以来都是英国最大的钢筋混凝土建筑。这个工厂主要由周边的四层楼厂房和两座五层的、用玻璃纤维混凝土屋顶覆盖的大厅组成。直线形的建筑便于铁路线从它一端的玻璃雨棚下面通过，而成品则从另一端运出。

周边的多层厂房中采用了蘑菇形柱子，它的八角形的几何形状便于与削边的楼板边缘吻合。在横跨大厅与周边多层厂房的过桥的连接处，重复采用了这种削边的构件（这种

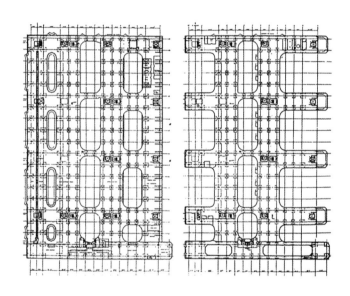

↑ 1 平面（布茨公司提供）
↑ 2 全景（布茨公司提供）

削边的构件在后来由高恩和斯特林设计的莱斯特工程大楼中也可以看到)。

　　厂房的玻璃窗采用钢框，玻璃用铝条固定。厂房上部和下部的玻璃窗原来采用粗制玻璃，中部的则采用透明玻璃。由于恰如其分的细部设计和庞大的规模，布茨工厂成为最有说服力的建筑之一。（W. 王）◢

参考文献
：
"Boots' Factory at Beeston by Sir Owen Williams"，*The Architectural Review*, Vol. LXXI, July, 1932, pp. 86-88.

←3 厂房一角（H. K. 马蒂内提供）
→4 玻璃顶天井内景（H. K. 马蒂内提供）
→5 带环形走廊的工作大厅内景（H. K. 马蒂内提供）

46. 奥胡斯大学

地点: 奥胡斯，丹麦
建筑师: K. 菲斯克尔，C. F. 默勒和 P. 斯特格曼
设计/建造年代: 1931，1935—1941

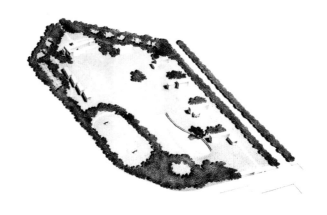

→ 1 鸟瞰

↑ 2 种花草植物的斜坡和拱顶

在一条弯弯曲曲山谷的起始处，奥胡斯大学的第一批建筑与当地的地貌一起创造出了一个人工与自然和谐的环境。由于菲斯克尔在长期的建筑设计生涯中极其注意保持建筑造型与自然环境之间的和谐统一，所以奥胡斯大学的建筑构图与建筑场地之间才能产生如此强烈的共鸣。

奥胡斯大学的建设计划是逐步发展形成的，并非一开始就有一个确定的总体布局，所以今天依然可以看到松散建造的教学大楼之间间隔很大。在这种情况下，为了使建筑之间有一种连续性，建筑群多由各种直线形大楼和工字形大楼组成，而且每幢大楼具有各自的外形特色。这个建筑群相对松散的组成和每幢大楼之间的连续性，使得它的每一部分既有个性又共同形成一个连贯的整体。

为了突出每幢大楼的特色，建筑师为它们设

↑ 3 全景

计了许多细部，从老式的山墙两端到精致的窗框镶衬。这种精心的设计使这所大学的建筑成为一个独特的不朽典型，其影响之长远用抽象的时间尺度来估计可能是会荫及子孙的。后来，集这所大学的建筑特点于一身的变型——"学院村"，果然在弗吉尼亚大学的林间空地上诞生了。相对于古典式建筑在几何布局上绝对的严格性而言，奥胡斯大学建筑的总体布局更崇尚宽松的精神。(W. 王)◢

↑ 4 外观
↑ 5 围起庭院的连拱

图和照片由丹麦艺术学院提供

参考文献
⋮
Langkilde, Hans Erling, *Architekten Kay Fisker*, Copenhagen, 1960, pp. 52-58.

47. 施万德河大桥

地点: 欣特富尔蒂根, 瑞士
工程师: R. 梅拉特
设计 / 建造年代: 1933

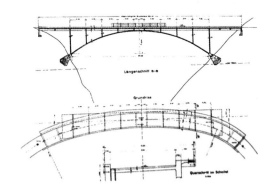

↑ 1 纵剖面, 桥面平面及拱顶横剖面

这座大桥横跨施万德溪谷, 建桥地点的地形狭窄而险峻, 大桥被设计成曲线形以使与大桥连接的道路具有尽可能大的曲率半径。因此, 这座大桥的弯曲形状并非有意标新立异, 而是出于一种实际的需要。梅拉特在设计这座大桥时采用了桥面加强拱的原理, 桥上的每一个构件都有各自清晰的表现力, 它们组合在一起就形成了一个非常成熟的完整结构。桥的结构尺寸和外观上的不对称性是经过精确计算以后决定的, 例如, 在曲线形状凸出一侧的人行道就加大了桥面的横截面积, 这样有助于承受较大的横向力。

大桥的钢筋混凝土结构跨度大约为52米, 由一个多边形的拱构成, 拱的不变横截面的宽度为20厘米, 在4.4米中心处的隔板壁厚16厘米。隔板有条理的布置和桥面与拱的分散连接, 使这座大桥表现出一种直观的简练, 它无须任何深奥的知识也能为人所理解。即使过去了几十年, 施万德河大桥在类似的工程中依然占据一种无与伦比的地位。(W. 王)

参考文献

Billington, David P. , *Robert Maillart and the Art of Reinforced Concrete*, Zürich, 1990, pp. 66-70.

↑ 2 全景
← 3 结构框架
→ 4 连接斜坡的人行道

图和照片由苏黎世高等工业大学
（ETH）提供

48. 贝拉维斯塔住宅区和贝尔维剧院

地点：哥本哈根，丹麦
建筑师：A. 雅各布森
设计/建造年代：1933—1934，1934—1935

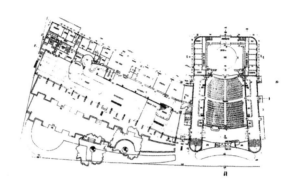

→ 1 剧院底层平面
↓ 2 剧场观众席

这个建筑群里不仅有住宅和剧院，还有一座海滨娱乐设施和一所骑术学校，以尽可能地利用优美的波罗的海景色这一地域优势。这两座建筑引人注意的品质在于它们是根据各个住户或用户的不同特点精心设计的，这种品质使这些建筑有别于当时比较教条的现代主义设计，且在雅各布森后来的一些设计中屡见不鲜。

贝尔维剧院装有可收缩的屋顶，这样既可以在晚上放映露天电影，又可以在白天进行剧场演出。剧院的侧楼里有一家大饭店，包括一个自助餐厅。在饭店的夏日营业部里，还有一个跳舞的平台。

建筑群的住宅部分包含一系列单卧室和双卧室的公寓，每套公寓都有一个朝南面向海洋的阳台。偏置的入口使每一层的两套公寓住宅单元可以交错布置，这与欧洲大陆社会住宅整齐划一的处理方法完全不同，但每个单元看

↑ 3 鸟瞰

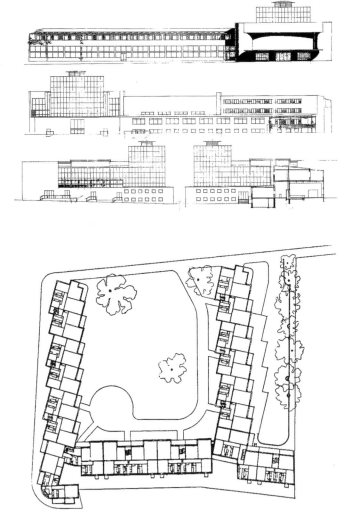

← 4 剧院主入口
← 5 剧院立面和剖面
← 6 住宅区总平面

起来却更加清爽。这种特殊的处理方式在第二次世界大战以后还是传给了欧洲的社会住宅，因为当时它的优越性已能说服住房建筑界去多花一点钱使住宅区内有更多的连接方式，并改善其各部分的可识别性。（W. 王）◢

参考文献

Pedersen, Johan, *Arkitekten Arne Jacobsen*, Copenhagen, 1957.

↑ 7 面向花园的住宅建筑群

↑ 8 住宅建筑群临街景观
→ 9 标准层平面

图和照片由丹麦艺术学院提供

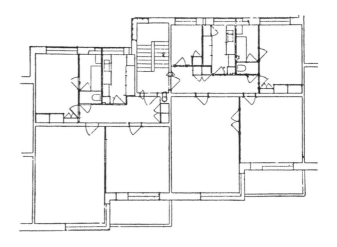

49. 欣克百货商店

地点：海尔伦，荷兰
建筑师：F. P. J. 珀茨
设计/建造年代：1933—1935

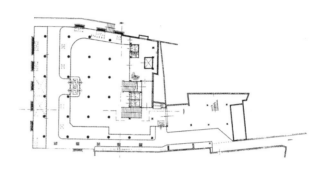

→ 1 总平面

这家百货商店坐落在海尔伦的市中心。这座几乎全部布满玻璃窗的八层大楼，是一个坚持采用合理的建筑结构同时又奇特地缀以无装饰古典常规形式最极端的例子。它的钢筋混凝土结构，从外面可以看得到的八角形和圆形的蘑菇状柱子以及有韵律的玻璃窗系统，在周围的传统砖结构建筑当中显得特别惹人注目。

大楼南面的一个条形区域用于容纳服务中心和楼梯，把整个楼层平面留给了销售部门使用。从商店前的广场进入大楼的主要入口，被一条通道和展示商品的橱窗所遮挡，虽然这是十分不常见的。位于大楼轴线上的入口至主楼梯的下段形成了一条清晰的通道，尽管大楼整体的次要部位是不对称的。

装在钢框架中的安全玻璃板构成的玻璃窗偏离开混凝土楼板。这种分离突出了明亮的整体感觉；美中不足的是像屋顶饭店

↑ 2 窗墙内部

↑ 3 全景

↑ 4 朝教堂方向的外观

↑ 5 商品出售处内景

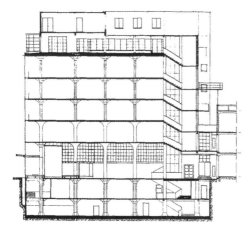

↑ 6 剖面

↑ 7 屋顶露台

这类巨大的上部建筑破坏了这种鲜明的特性。珀茨在这项百货商店的设计中没有屈从于当时十分流行的像军舰一样的建筑形式。在这个意义上，欣克百货商店是一座自主设计的卓越的现代建筑。（W. 王）◢

参考文献
:

Arets, Wiel, Wim van den Bergh, William Graatsma, *F. P. J. Peutz Arkitekt 1916–1966*, Eindhoven, 1981.
Graatsma, William, *Pars Glaspaleis Schunck*, Nuth, 1996.

↑ 8 商品出售处和办公室内景

图和照片由海尔伦的菲特吕菲阿尼姆提供

50. 海波因特一号公寓

地点：伦敦，英国
建筑师：B. 卢贝特金
设计/建造年代：1933—1935

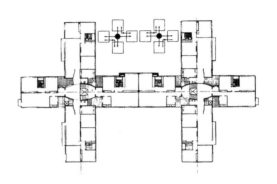

→ 1 标准层平面

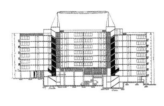

↑ 2 剖面
↑ 3 标准公寓楼层平面

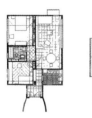

这座建筑原本打算用作一家办公设备工厂的工人宿舍，后来才改为供中产阶级居住的公寓。这样，卢贝特金和他的泰克顿集团中的同事们才有可能第一次建造一座对于当时的英国社会十分陌生的集体住宅。这座公寓建在伦敦北部的一片斜坡上，双十字的布局不但可以最大限度地提高土地利用率，而且使公寓成为周围环境中的一个特殊景观。

精心设计的公寓入口层包括一个大门厅、一间茶室和一间守门人住的门房。52套公寓住宅单元都配有宽大的起居室和对应的卧室，每座大楼的十字交叉处都有电梯。核心部分的单元或多或少都有吸引人的视野。

这座公寓的施工水平超过了当时的一般标准，因而不属于标准的大众住房之列。海波因特一号公寓虽然也算是一个特殊的现代社会住房建设项目，但它是深深地扎根于中产

↑ 4 全景（M. 查尔斯提供）

↑ 5 公寓内景（M. 查尔斯提供）

阶级的生活方式之中的。此外，卢贝特金个人的建筑语言风格，看起来像是激进的现代主义，但又略具为较正统的现代主义建筑倡导者所彻底唾弃的现代巴洛克和古典构图技巧的倾向。（W. 王）◢

参考文献
⋮

Allen, John, *Berthold Lubetkin, Architecture and the Ttradition of Progress*, London, 1992, pp. 252-311.

51. 兹林城市规划

地点：兹林，捷克
建筑师：F. L. 加胡拉和 V. 卡尔菲克
设计 / 建造年代：1933—1938

→ 1 1934 年 F. L. 加胡拉设计的
兹林市调整规划（兹林国家地
区档案馆提供）

兹林市调整规划

建筑师：F. L. 加胡拉

设计 / 建造年代：1934

兹林的发展展现了一座传统城市的快速增长，这是在一位大慈善家领导的工业住宅区的影响下发生的。巴塔企业集团的拥有者认为，通过改善工人的工作和生活条件能提高企业的生产率，因此委托领导捷克先锋派的建筑师们来实现他的想法。

由于城市日益繁荣和人口不断增加，兹林市改建和扩建难以适应的传统城市结构的必要性已经变得愈来愈明显了。1934年，F. L. 加胡拉用他设计的兹林市大规模调整规划对这种住房和社会设施的需求做出了回应。在这份规划中，他提出了建设一座森林和花园城市的完整概念。

这项规划力图要成为民主和社会福利的象征，符合现代居住标准以及保障个人生活质量与社区财富之间的平衡。开放的空间、公园和树木葱茏的绿化区、宽阔的街道、分开的人行道与车道、建在绿化区中的住宅，是构成这种概念的要素。加胡拉认为：城市规划是当代讨论的决定性的经济和社会问题。他把美国的城市化原则与欧洲的花园城市概念结合在一起，目的在于创造出一座理想的工业城市。

这项规划建议增加几座公共建筑，布置在市中心的工厂周围。为此，加

↑ 2 1936 年至 1938 年的兹林城市中心

胡拉研制出一种经济的工厂预制构件，可以为各种不同的建筑提供形状完全一致的构件，这种做法成为捷克的构成主义的一个早期例证。

旅馆

建筑师：V. 卡尔菲克和 M. 洛伦茨

设计／建造年代：1933

　　这座旅馆早在 1932 年就已按照 M. 洛伦茨的设计开始施工。在经过几番

争论之后，最后还是按照 V. 卡尔菲克的新设计完成的。这座十一层楼的建筑是城市规划中的一个重要的里程碑项目，它的结构采用了加胡拉的混凝土格子框架填砌红砖，创造出

一种与周围的绿色形成明显对比的外部特色。旅馆中的餐厅、咖啡厅、俱乐部和接待厅之类的公共空间布置在大楼的低层；大楼的高层采用了三个部分布局，有一条内部走道通往高标准的旅馆房间。大楼的楼顶有一个夏日跳舞咖啡厅，它一直延伸到一个旋转全景露台。

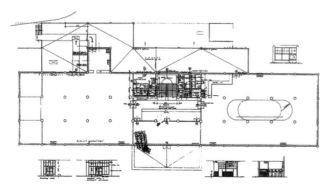

← 3 旅馆大楼（V. 卡尔菲克设计，
　　1932—1933 年）
← 4 旅馆楼顶露台
← 5 旅馆二层平面

↑ 6 巴塔行政管理大楼（V. 卡尔菲
克设计，1938 年）

巴塔工厂总部

建筑师：V. 卡尔菲克

设计 / 建造年代：1935，
1937—1938

　　这座 77 米高、17 层的
巴塔企业集团总部大楼，
是当时捷克最高的建筑。
在这座大楼里可以找到许
多采用先进技术标准的例
子，如标准化的钢筋混凝
土框架加填砌砖的结构、
双层钢窗、封闭式空调系

统、立面电梯、带有各式
各样玻璃隔墙的大开间办
公室、电话系统和供电系
统等。大楼内有一间属于
新总裁 J. 巴塔的古怪的办
公室，它像是一间 6 米 ×6
米的大电梯间，可以从一
层移到另一层。

巴塔纪念堂

建筑师：F. L. 加胡拉

设计 / 建造年代：1933

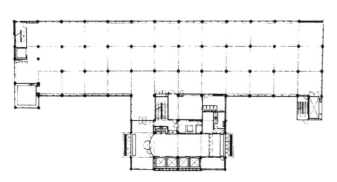

↑ 7 巴塔行政管理大楼内景
← 8 巴塔行政管理大楼楼层平面

在兹林市的资助人
T. 巴塔死后，这座城市的
规划者加胡拉为他设计建
造了一座纪念堂，并把它
布置在了兹林市绿树成荫
的代表轴线的端头，它现
在被用来作为艺术展览大
厅。这座纪念堂采用预制
的镶玻璃的隔板，给人以
纯洁和有条理的印象。全
部为玻璃的立方体包围着
单跑楼梯和均匀分布的支
撑顶棚的柱子。用通用骨
架实现不同的建筑功能，
证明了兹林的预制件具有
优秀的品质，因为它能够
集几种功能于一个建筑整
体。（H. 库索利茨赫）◢

参考文献
⋮

Ilos Crhonek, *Zlín, die Stadt
des Konstruktivismus*, Ludwig
Sevecek, Statni Galeri ve Zlíne.

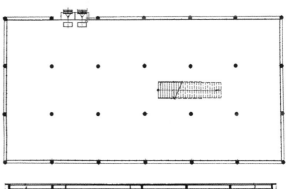

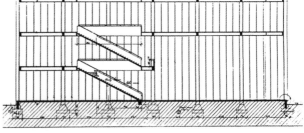

↱ 9 巴塔纪念堂（F. L. 加胡拉设计，
　　1932—1933 年）
↱ 10 巴塔纪念堂内景
↱ 11 巴塔纪念堂楼层平面
↱ 12 巴塔纪念堂剖面

图和照片由兹林国家美术馆提供

52. 马拉克萨机车车辆厂

地点：布加勒斯特，罗马尼亚
建筑师：H. 克雷安加
设计/建造年代：1936—1938

位于罗马尼亚首都郊外的这座机车车辆厂是20世纪30年代中期最引人注目的大建筑之一。这座工厂的正面全长800米，是一个完整的建筑群的一部分。这个建筑群中还包括行政管理大楼、试验室、小卖部以及集体卫生设施等。克雷安加是一位多产的、富于创造力的建筑师，他设计了许多工厂（飞机制造厂、福特汽车厂、橡胶厂等）和公寓。

在克雷安加的这项工厂建筑设计中，除了可以看到 P. 贝伦斯设计的 AEG 汽轮机工厂中那种类似神庙的夸张表现手法之外，还能发现来自 F. L. 赖特的影响——从这座工厂的入口大门可以非常清楚地看出这种影响的迹象。克雷安加在马拉克萨机车车辆厂设计中所表现出来的稳健手法，以及对每个构件和建筑整体造型的驾驭能力，都给人留下了深刻的印象。（W. 王）

参考文献

Patrulius, Radu, *Horia Creangǎ: Omul si opera*, Bucharest, 1975.

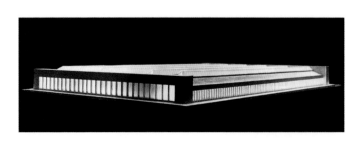

← 1 模型

↑ 2 正面外观

图和照片由罗马尼亚建筑师联合会
提供

53. 市法院大楼

> 地点：华沙，波兰
> 建筑师：B. 普涅夫斯基
> 设计/建造年代：1936—1939

↑ 1 法院正面外观
↑ 2 内景

　　该大楼设计方案在司法行政部和内务部组织的建筑竞赛中脱颖而出。大楼用地呈矩形（70米×52米），位于两条接近东西走向的平行街道之间。建筑短边面北，临莱什诺街（目前为索利迪塔街），它是华沙城的交通干道之一。建筑南面临奥贡多维街。原先其他两边直接与建筑相邻，但在1939年至1945年的"二战"中法院西边的建筑被毁，以后没有重建，至今该地基仍为开放空间（有25米宽）。在这块保留的空地上，人们还能看到法院大楼未加修饰的西墙面。

　　大楼五至六层为钢筋混凝土结构。建筑平面位于三边定位的蜂窝形模式空间上，该空间虚实结合（虚空间有五个内天井、两个向主街开放的庭院，中部有一个贯穿两层的入口大厅，大厅顶部设有天窗）。该大楼最显著的特点是西北面的石材饰面，其构图富有趣味，是20世纪30年代欧洲纪念碑式建筑的典例。这项独特的工程，成功地回避了使用垂直元素，而垂直性特征被认为是那个时代表达纪念性建筑的最佳方式。普涅夫斯基（1897—1965年）在大楼主立面采用轴线构图取代垂直元素，体现了对现代主义水平构图的最初阐释。

五层高的建筑主体长60米，坐落在四个巨大的墙墩上，墙墩以粗犷分割的石板饰面，墙墩两侧有通向建筑的三个入口，形成该大楼的空间特征，展示出该建筑公众性与权威性的形象。经过入口，有一个用拉丁字母写的题铭，上面写着："公正的法院，是国家权力和稳定的象征。"所有的建筑元素、体量、建材、室内细部等形成和谐的整体，给人留下深刻的印象。这一切与反映民主途径的法院公正性职能相一致。◢

→ 3 侧面外观
→ 4 立面局部

文字与照片由波兰建筑师协会提供

54. 哥本哈根航空港候机楼

> 地点：凯斯楚普，丹麦
> 建筑师：V. 劳里岑
> 设计/建造年代：1936，1937—1939

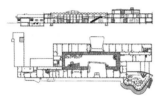

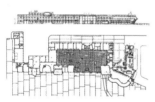

↑ 1 剖面和楼层平面（丹麦艺术学院提供）
↑ 2 立面和楼层平面（丹麦艺术学院提供）

位于凯斯楚普的哥本哈根航空港的候机楼的演变，反映出了这个巨大航空港永无终止的扩张和发展。劳里岑没有把这座候机楼构思成一个简单的盒子，他在设计中突出了候机楼的各个入口、中央大厅、露台和自助餐厅。他的这种选择在当时已经招致了某些批评，认为他的设计是一种没有个性的现代主义变形，尽管劳里岑根本无意追随现代主义。对于候机楼建筑构件和材料的色调，劳里岑理所当然地采用了国际上传统流行的白色。在主大厅顶棚这样的部位，他还偶尔使

用一些曲面造型。自助餐厅的曲线玻璃窗和候机楼内各种形式比较自由的内部装饰以及楼梯间等，都说明了设计者注重航空港新功能的有机建筑概念。

在矩形的基础结构网格上，整个候机楼的各个部分围绕着偏离机场轴线的中央大厅分布。在乘客们的视界范围以内，重要的离港信息标识都极易辨认，并且采用雕塑的形式，顶棚波浪状的起伏产生了一种空气的激荡，像是在期盼着起飞和着陆。

精致纤巧的玻璃窗不仅包围了自助餐厅，而且向旅客和餐厅的使用者展

↑ 3 鸟瞰（《航空快讯》的 A. 汉森提供）
→ 4 机场餐厅（《政治》的 H. L. 汉森提供）

示着这座建筑的优美。总之，这里所显示的正是劳里岑自己所说的"某种欢快的乐观主义"。（W. 王）◢

参考文献
⋮

Bertelsen, Jens, *Vilhelm Lauritzen: A Modern Architect*, Copenhagen, 1994, pp. 171–205.

← 5 中央大厅内景，行李托运柜台（丹麦艺术学院提供）
← 6 中央大厅内景（《政治》的 H. L. 汉森提供）
↓ 7 楼梯和顶棚（J. 林德提供）
↓ 8 楼梯扶手（J. 林德提供）
↓ 9 支撑阳台和顶棚的柱子（J. 林德提供）

55. 工人联合会大楼

地点: 奥斯陆, 挪威
建筑师: O. 邦
设计/建造年代: 1936, 1938—1940

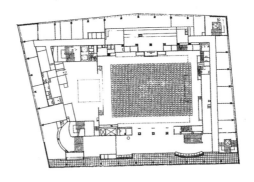

↑ 1 二层平面
↓ 2 四层平面

挪威工人联合会大楼是奥斯陆市中心少数几座独立的建筑之一。这个由会议厅和礼堂组成的综合建筑全部由各式各样的格子空间所围绕着。它的建成要先于1960年由S. 马克柳斯设计的同样具有特色的丹麦议会下院大楼。这两座大楼都是由大小不同的空间编排组成的,这些空间彼此重叠并包含在一个雄伟坚固的外壳之中,不仅具有一种尊贵的风度,还有一种权威的气派。这种特别精心创造出来的建筑内涵,清楚地表达出了这两座大楼的文化和政治作用。体现这种作用的是这个国家的进步力量在这座大楼内进行的各种文化和社会活动。

在建筑的中心,是混合的大型和中型会议厅,对这些服务性的建筑来说,天然采光的要求是比较次要的。建筑中心的周边,则是那些格子形的空间。在一个盒子里能够如此密集地装下这样多的

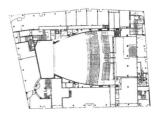

↑ 3 带雨棚的入口(挪威建筑博物馆提供)

↑ 4 入口正面全景（挪威建筑博物馆，S. 泰耶提供）

不同内容，建筑师极其微
妙而又成熟的手法从这里
可以得到证明。同时，这
座大楼总体布局的精致细
腻和独具特色，以及建筑
大体量（特别是底部）上
的浮雕，也令人赞叹。另
外，步廊和两层高的窗户
也给这座大楼的外观增加
了一种城市的尺度。

在构图处理上，无疑
可以看到勒·柯布西耶的
影响，还特别参考了1929
年莫斯科的中央联盟宫，
但是，O.邦所努力创造的
是一座更都市化的，近乎
佛罗伦萨文艺复兴式的工
人宫殿。大楼的内部，由
于裸露的钢筋混凝土而显
得特别现代化（如像三楼
的节日庆祝大厅所表现出
来的那样）。直接表现结
构体系的拱形顶棚，预示
了当代建筑师们对于讲求
实际的日益增加的兴趣。
（W. 王）◢

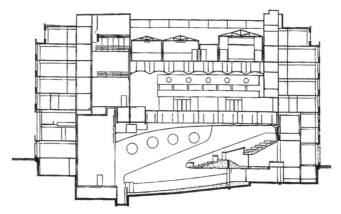

参考文献
⋮

Norberg-Schulz, Christian, *Modern Norwegian Architecture*, Oslo, 1986, pp. 66-67.
Gronwold, Ulf, et al., "Sam-funnshuset 1936-1940", in: *Bauwelt*, Berlin, 1995, pp, 1804-1805.

↑ 5 电影院观众席和银幕（挪威建筑博物馆，H. 伊里提供）
↑ 6 剖面

56. 玛丽亚别墅

> 地点：诺尔马库，芬兰
> 建筑师：A. 阿尔托
> 设计 / 建造年代：1937—1939

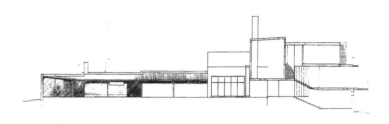

↑ 1 面向花园的别墅立面（T. 劳诺提供）

↑ 2 通过入口雨棚向周围森林看的
景观（T. 劳诺提供）

建筑史上还很少有这样的情况：一座独户住宅的设计会对其他建筑领域产生重大的影响。A. 阿尔托为玛丽亚·古利克森和哈里·古利克森设计的别墅就是这样一个非凡的存在之一。这座别墅的设计时间介于巴黎世界博览会（1937年）和纽约世界博览会（1939年）之间，阿尔托在这项设计中把人间天堂的各种概念集中起来展现给世界。大到整体，小到每个细微之处，这座别墅都以它出色的优美提醒面对它的人们要珍惜生命的短暂。它以不言而喻的高贵风度完全脱开传统的建筑偶像，成为20世纪20年代和30年代现代建筑中的佼佼者。

这座别墅建筑三面封闭，另一面用桑拿浴室和游泳池把主人的生活与其环境有机地联系起来。壁炉和开敞式的餐室形成了整座建筑布局的下一站，接下去是起居室的一个凸出部分，最后是位于楼上

↑ 3 从湖边向南翼看的外观（A. 阿尔托基金会提供）

↑ 4 画室内景（A. 阿尔托基金会提供）
↑ 5 主入口（A. 阿尔托基金会提供）

的玛丽亚·古利克森的画室。从最基本的关系到最有创造性和需要思考的活动（美术实践），这所别墅不仅和它的周围环境联系在一起，还和文化的舞台密切相关。在住宅的外面可以发现土地、水面、风和火，在住宅里面则可以找到文明和艺术。

看过这座别墅以后，感兴趣的参观者就会懂得阿尔托的其他建筑设计：建筑与环境以及与自然的明显关系，从最基本的到较高级的生活方式的发展意识，含蓄地聚集而不封闭，把生活看作不断发展的进行过程。

这座住宅是建筑师的一篇无言的声明，是建筑谱系（不仅是20世纪的）中很少能与之匹敌的理想作品。（W. 王）◢

参考文献
⋮
Pallasmaa, Juhani, *Alvar Aalto-Villa Mairea*, Helsinki, 1998.

57. 复活小教堂

地点：图尔库，芬兰
建筑师：E. 布吕格曼
设计/建造年代：1938，1939—1941

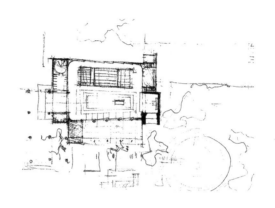

↑ 1 总平面（草图）
↓ 2 剖面

　　复活小教堂坐落在一片有花岗岩露出地表的松树林里，它是20世纪这个北欧国家在举行葬礼时布道的地方。布吕格曼在竞赛中获胜的参赛方案是最令人印象深刻的实例之一，尤其是将葬礼改革的思想综合地融入建筑之中，从座位安排扩展到最小构造和象征性的细部。

　　参加葬礼的队伍从小教堂北面的墓穴开始，按照记忆中古代的方式用土把墓穴填成坟堆，然后进入小教堂做礼拜，最后穿过石门面向森林公墓，整个过程象征着生命的循环。小教堂建筑设计的所有细部和装饰都是与这一连续的葬礼仪式过程有关的，甚至小教堂中板凳的布置也与小教堂的轴线呈一定的角度，以便人们既能面向主祭的牧师，同时又能够看到森林公墓，为死者的"复活"做准备。

　　两组不同的窗户引入的柔和光线，空间的衔接和取向，内部的处理和装饰，使葬礼仪式超越了对死的恐惧。复活小教堂是布吕格曼设计的最成熟和

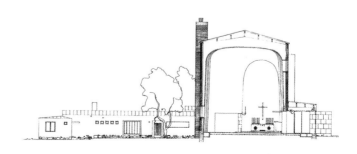

↑ 3 入口立面和钟楼

重要的建筑。在这座小教
堂的设计中，他实现了其
竞赛格言"在永恒的外表
下"的永恒性。◢

参考文献
⋮

Bennett, Janey, "Sub Specie
Aeternitatis", in: *Erik Brygg-
man 1891-1955*, Riitta Nikulaed,
Helsinki, 1991, pp. 190-249.

→ 4 玻璃屏窗和浮雕装饰的门廊
→ 5 内景

图和照片由芬兰建筑博物馆提供

第 **3** 卷

北欧、中欧、东欧

1940—1959

58. 施图迈工厂

地点: 布达佩斯，匈牙利
建筑师: 欧尔焦伊兄弟
设计/建造年代: 1941

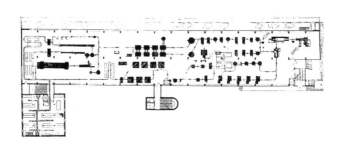

← 1 底层平面
→ 2 全景

↑ 3 大楼和左侧的发电站的外观

垂直的长条形窗户是施图迈巧克力食品厂颇具特色的一种标志，这是建筑师在精心设计这座当代最值得注意的工业建筑之一时所采用的一种先进和创新的技术，目的在于经济合理地利用能源。

这座混凝土结构建筑的总体布局和内部的设计方案是按合理的要求制定的，并根据食品生产的精细性质适当地提高了标准。除了要满足整个生产过程的功能要求以外，建筑总体的和细部的设计还应保证生产过程所需的采光和隔热的要求。

V. 欧尔焦伊和A. 欧尔焦伊，依靠综合性实验和计算，最终设计出了适应这座工厂的采光、温度以及气候等特殊功能和经济要求的方案。两座主要生产大楼之间平行的布局和它们独立的楼梯间，保证了厂房内有最佳的自然光线；同时，大楼的小立面上，除了一些通风孔形的小开口以外，没

↑ 4 全景

有窗户。成对的长条形窗
玻璃由涂磁漆的钢板条带
分隔，保证了厂房内有最
佳的自然光线，同时也起
了隔热作用。室外温度加
热了嵌板与墙壁之间的空
间，造成新鲜空气的连续
对流，改善了生产车间内
的气候。生产车间内还有
许多可移动的玻璃屏风和

各种标准的装置，用于隔
热、隔气味和隔噪声。

　　为施图迈工厂精心
设计的玻璃窗和墙壁形成
了简洁明快和有条理的立
面，使它成为一座典型的
当代工业建筑。虽然它的
大门雨棚和楼梯间的造型
特别显示出勒·柯布西耶
的影响，但是它的重要性

主要在于采用了先进和
创新的技术。(H. 库索利茨
赫) ◢

参考文献
⋮
Architectural Guide: Architecture in Budapest from the Turn-of-the-century to the Present, Budapest, 1997.

↑ 5 工厂的南立面
← 6 工作大厅
↓ 7 功能流程轴测图

图和照片由匈牙利建筑博物馆提供

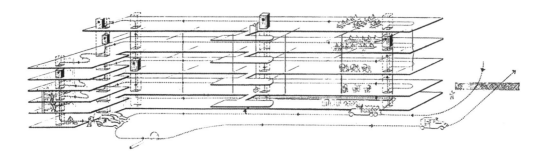

59. 中央百货商店

地点: 华沙, 波兰
建筑师: I. 兹比格涅夫, R. 兹比格涅夫
设计/建造年代: 1946—1950

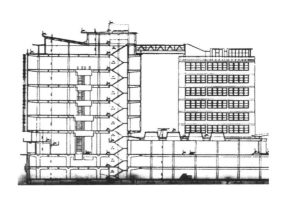

I. 兹比格涅夫（1900—1995年）设计的这家中央百货商店是从一次建筑竞赛的30个方案中挑选出来的。它位于城市中心区，在阿洛加·焦洛佐里姆斯基大街的北侧，处于布莱克斯街和克鲁兹街两条街的北端的会合处。这个地理位置对建筑布局影响很大。商店的主体，一座七层大楼，面朝焦洛佐里姆斯基大街，平面为带圆转角的梯形（72米／30米），建筑交角小于90°，一层高的商场大厅形成了一个向北突出的结构。这个综合体的第三部分是独立结构的行政大楼，底层的部分空间用作商场。

中央百货商店是对老城区和其他历史场地的恢复重建，也显示出对城市规划理论的思考。然而这种趋势并没能延续多久。从1949年到1955年，在苏共的压力下，建筑必须遵从新的强加的历史主义教条，即所谓"社会主义的现实主义"。这座中央百货

↑ 1 侧立面及剖面
↓ 2 转角处外观局部

↑ 3 转角处外观
→ 4 原来的外观

文字、图和照片由波兰建筑师协会提供

商店代表了现代主义运动的延续，而当时人们猛烈地抨击现代主义是"国际式"的。事实上，这座建筑的设计概念是对勒·柯布西耶现代主义设计思想的理想化阐释。

该建筑主体为钢筋混凝土结构，采用8米×6.2米的网格模式，能支撑悬挑的水平结构。遵从勒·柯布西耶的思想，屋顶平台和餐厅位于建筑的顶部。从更广泛的意义来说，这座建筑也反映了此类商业建筑的传统理念，从沙里文设计的芝加哥的卡森、皮里和斯科特百货公司（Carson Pirie & Scott），到门德尔松设计的位于波兰的弗罗茨瓦夫的彼德斯多夫大厦（Petersdorf），或者是柏林的哥伦布斯大楼（Columbushaus）。在将近半个世纪之后，这座百货商店依然正常运转，很好地发挥着最初的设计功能。只是底层的一块空闲空间被利用起来，作为麦当劳快餐店。◢

60. 老绘画陈列馆重建工程

地点：慕尼黑，德国
建筑师：H. 德尔加斯特
设计/建造年代：1946—1973

→ 1 全景图（慕尼黑理工大学建筑
博物馆提供）
↓ 2 横剖面（慕尼黑理工大学建筑
博物馆提供）

由新古典主义建筑师L. 冯·克伦茨设计的慕尼黑绘画陈列馆在第二次世界大战期间被损毁以后，德尔加斯特设法逐步重建这座重要的19世纪绘画陈列馆，不顾官方和公众的反对，他们主张只进行包括附带所有装饰在内的完全复旧的重建。在这项重建工程中，德尔加斯特最重要的贡献是为这座绘画陈列馆设计了一个在主轴线上的新入口：从北立面开始，沿南立面的长度建造两段巨大的楼梯。新设计的屋顶具有比较平静安详的轮廓，同时还大大地改善了高大的绘画陈列馆中的光线质量。

对遭到最严重破坏的南立面进行的创造性重建显示着对原有装饰性表现的含蓄批评，代之以崭新的钢柱、砖砌结构和现浇混凝土构件，从而对原来的装饰性壁柱、拱顶、波形饰等做了根本的改变。

重建后的绘画陈列馆

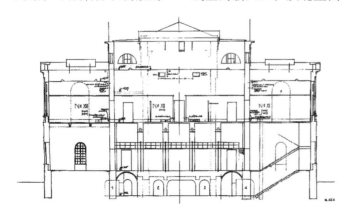

↑ 3花园一侧的正立面外观（基诺尔德提供）

还取消了筒形拱顶上原有的彩绘和高度繁复的装饰物。唯一与原来内部装饰相类似的只有墙壁上的织物饰面。

慕尼黑老绘画陈列馆重建工程是本卷中唯一一个不是新建筑的项目，因此它承担着作为20世纪一种比较普通的建筑业务活动的实证，如果不公平地忽略了它，将是一件憾事。（W. 王）◢

参考文献
⋮

Altenhöfer, Erich, "Hans Döllgast und die Alte Pinakothek", in: Hans Döllgast 1891-1974, Gaenβler, Michael et al., Munich, 1987, pp. 45-91.

↑ 4 侧立面外观（基诺尔德提供）
← 5 入口立面（基诺尔德提供）

61. 赛于奈察洛市政厅

地点：赛于奈察洛，芬兰
建筑师：A. 阿尔托
设计/建造年代：1949，1950—1952

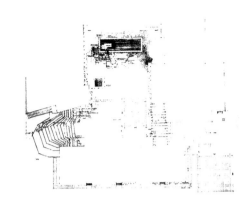

→ 1 总平面
↓ 2 剖面

赛于奈察洛市政厅是该市1945年城市设计中的一个建设项目，坐落在一个乡村住宅区内，位于一块林中空地的顶端。它的前面是公共图书馆以及围护的、高起的露天庭院；一侧是带有重要会议厅的行政管理部分，另一侧是看管人员的公寓。继阿尔托在较早时为巴黎和纽约世界博览会展馆以及玛丽亚别墅所做的建筑类型学研究之后，这座市政厅被设计成了城市建筑设计要素之外层与半开敞庭院形成的特殊核心的组合。

具有特殊树干效果的砖和清漆木窗的广泛使用，再配上会议厅台阶处的顶棚处理，使建筑与周围的自然环境互相呼应。在这里，阿尔托用他的设计才华使建筑室内更像是外部，反过来又突出了建筑本身的城市气息。围绕庭院的走廊不像是内部办公室间的交通路径，更像是一条带顶盖的步行道。

无论是从通往会议厅的台阶还是从门厅进入这座建筑，使用者或参观者都会有一种走过了一条由许多长满青草的台阶形成的奇特路径的感觉。在

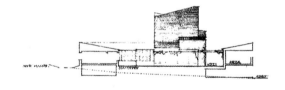

↑ 3 通往主入口的室外台阶（A. 阿尔托基金会，V. O. 科尔苗提供）

← 4 上层平面

图和照片由 A. 阿尔托基金会提供

这里，自然与人工完全融合在了一起，一个人只有在完全进入这座建筑的时候，才会意识到它们两者之间的相互依存。（W. 王）◢

参考文献
⋮
Fleig, Karl, *Alvar Aalto*, vol. 1, 1922-1962, Zürich, 1963.

→ 5 楼梯间内景
→ 6 顶棚构造细部（A. 阿尔托基金会，V. O. 科尔苗提供）

62. 圣安娜教堂

> 地点：迪伦，德国
> 建筑师：R. 施瓦茨
> 设计/建造年代：1951—1956

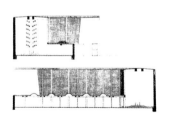

↑ 1 楼层平面
↑ 2 剖面
→ 3 包括钟楼的全景

图和照片由 C. 普福提供

这座迪伦的教堂是在第二次世界大战期间遭受破坏的遗址上重建起来的，它结合并且改造被毁坏的砖、石造成一种极端的对比，结果建成一座给人以深刻印象的现代基督教会建筑。

两座高大的立方体形的中厅耸立在一块梯形的场地上，主中厅空间和与它垂直相邻的较短的每日礼拜教堂形成 L 形的布局。L 形的内角被较矮的三角形朝圣大厅所填充，以顶棚上的玻璃来采光。教堂的这三个互相搭接的空间形成了施瓦茨所说的"开环"，使会众能从教堂中

的任何位置走近圣坛，从而在空间上满足了参加人数不断增加的圣餐仪式的要求。

日光穿过布满玻璃窗的南墙照在北墙的粗糙表面上，并间接地照亮整个空间。教堂内部的装饰效果也颇具特色：砂岩的纹理给人以浑厚坚实的感觉，与带有对角线交叉系梁网格的混凝土顶棚光滑无瑕的表面形成了鲜明的对比。按照施瓦茨的解释，砖砌结构象征着这座教堂是由单个的信徒组成的，同时又是会众的庇护所。圣坛墙上名为"成长的生命之树"的装饰，是

在墙砖挖出的小孔内填充雪花石膏形成的，用以增加教堂内神圣的气氛。

施瓦茨是20世纪最重要的教堂设计者之一，他所设计的这座基督教教堂与迪伦市的城市规划完全相配。凭借他的教学活动和他建立起来的与流行的技术至上的设计思想相对立的更有感染力的现代建筑风格，施瓦茨对现代建筑的发展产生了意义深远的影响。（H. 库索利茨赫）

参考文献
……
Schwarz, Rudolf, *Kirchenbau: Welt vor der Schwelle*, Heidelberg, 1960.
Wolfgang Pehnt, *Schwarz, Rudolf, 1897-1961: Architekt einer anderen Moderne*, Hatje, 1997.

63. 造型设计大学

地点：乌尔姆，德国
建筑师：M. 比尔
设计/建造年代：1953—1956

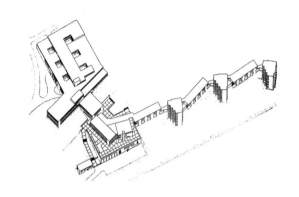

→ 1 轴测图（摘自《美丽的住宅》）
↓ 2 立面和剖面（乌尔姆国家档案馆提供）

乌尔姆造型设计大学是为了纪念第二次世界大战中的抵抗运动领导人H.肖勒和S.肖勒而建立的。这组非正规的建筑群朴实无华的外表显示出了这所大学内在的民主思想。虽然教学的范围扩大了（原来这所大学只讲授社会科学和政治学方面的课程，后来才增设了设计和建筑等创作领域的课程），但是这所大学的新校园仍然反映出它一贯的民主思想。

这所大学的校园由三个功能区组成：教室和培训工场、娱乐室以及构型比中央大厅自由宽松的学生宿舍大楼。这些建筑在一座村庄里等距排开，各个单元之间都有廊道相连。校园的布局设计分几个阶段进行，它适应建筑场地起伏不平的自然条件，以及强调周围风景的重要作用。

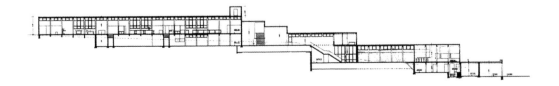

↑ 3 全景（H. 恩斯特提供）

这座校园纯朴、毫不铺张和非等级森严的安排和布局，强调了这所大学的民主原则。广泛采用混凝土结构是有意地不显示特殊，并给人一种优雅和俭朴的印象。所有的大楼都表现着不加掩饰的构件和结构：裸露的顶棚梁和最基本的固定式窗户给人一种类似工厂的感觉。这种有节制地使用廉价材料的现象，固然一方面是由于财政上的限制，但另一方面，也是20世纪50年代战后政治与经济复兴时期的矛盾和社会舆论告诫的结果，同时也是比尔正统设计手法的创造物。

与德国在更早时候建造的学校建筑（例如贝尔瑙的德国工会联盟学校和德绍的包豪斯学校建筑）对照，乌尔姆造型设计大

学的总体布局明显地修改了大学校园功能的定义。它协调统一地使用一种材料创造出具有不同形式的完整性，而其整体构造则参考着勒·柯布西耶晚期的创作。这座朴素的、潜意识则很诗意的建筑在德国战后现代建筑群中的出现，既是比尔哲学影响的结果，也是雕塑家般的个人创作方法的结果。（H. 库索利茨赫）◢

参考文献
⋮

hfg ulm, ein Rückkblick, *archithese* 157, 1975.
Hans Frei. *Konkrete Architektur? Über Max Bill als Architekt*, Baden, 1991.
Quijano, Marcela (ed.), *hfg ulm: programm wird bau: Die Gebäude der Hochschule für Gestaltung*, Ulm, 1998.

← 4 花园庭院（H. 恩斯特提供）
← 5 楼梯间（H. 恩斯特提供）
← 6 学生工作室内景（S. 恩斯特提供）

64. 奥塔涅米大学附属小教堂

地点: 赫尔辛基, 芬兰
建筑师: K. 西伦和 H. 西伦
设计 / 建造年代: 1954, 1955—1957

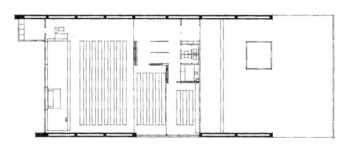

← 1 底层平面

在有关宗教建筑设计的谈话中, K. 西伦和H. 西伦明确地表明了他们倾向于有形的和雕塑式的设计(像1950年勒·柯布西耶设计的朗香教堂)的态度。他们设计的这座小教堂坐落在大学校园内的树林中, 从刚一进入小教堂首先看到的前院, 到走过圣坛时透过一面大玻璃隔墙看到的树林中的一组十字架, 建筑与周围的景色融为一体。

穿过低矮的门厅, 来

↑ 2 圣坛(芬兰建筑博物馆, R. 西莫提供)

↑ 3 立面（芬兰建筑博物馆，H. 海基提供）

访者会发现他们正处在一座由两面平行的砖墙构成的高大殿堂之中。整齐排列的木屋顶桁架不仅形式简洁，而且让人一眼就可以看出它们的结构作用。与这种情景相类似的是地面上铺的未加修饰的砖，圣坛四周和圣坛本身精致华丽的金属装饰构件，以及强调整座建筑的讲究实际。不像当时建造的某些小教堂那样，这座大学的小教堂是一座毫不夸张和矫饰的建筑，而且它直接使用的建筑材料和构件也并不缺乏有意制造的激情和生气。

虽然这座小教堂曾在1976年的一场大火中付之一炬，但后来又按照原先的设计重建了。(W. 王)◣

↑ 4 透过圣坛玻璃隔墙向四周森林看的景观(芬兰建筑博物馆, 普莱蒂嫩提供)

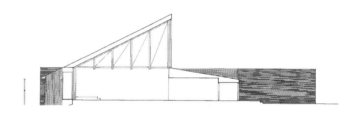

↑ 5 剖面

参考文献
⋮
Ilonen, Arvi, *Helsinki, Espoo, Kauniainen*, Vantaa, Keuruu, 1992, pp. 154–155.
Bruun, Erik, Sara Popovits, *Kaija+Heikki Siren*, Stuttgart-Helsinki, 1977.

65. 哈伦住宅区

地点: 伯尔尼，瑞士
建筑师: 第5工作室[※]
设计/建造年代: 1955—1961

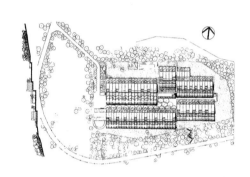

→ 1 总平面

哈伦住宅区建在面对伯尔尼市内城的一片山坡上，其建筑规模之大和设计规划之全面在住宅建设规划中是罕见的。在这个住宅区的设计中，建筑师们把一种抽象理性主义的山坡乡村城镇形态与类似的设计先例（如勒·柯布西耶1949年为马丁角设计的罗克和罗布方案）的形式和风格结合在了一起。哈伦住宅区内的建筑密度比法国的这个工程先例要低，由81个住宅单元组成，大部分是有4—6个房间的三层楼，采用钢筋混凝土结构。

这个住宅区内的住户可以提出特殊的内部装饰要求，而建筑师们仅仅负责外部装修。这个住宅区设计的成功之处还在于事先给每座住宅都配置一个

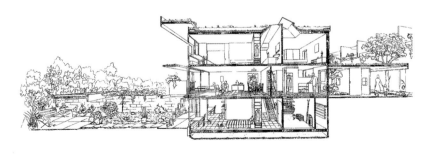

← 2 轴测剖面

↑ 3 鸟瞰（贝索拉提供）

私人花园，这样就省去了大量的野外查勘工作。另外，每座住宅都有一个朝南的中间凉廊，它成为住宅与私人花园之间的一个漂亮的过渡区。

精心设计和布局的公共空间（如主要广场、商店、饭店、游泳池和运动场等），使这个住宅区真正成为一个面向家庭的社区，比勒·柯布西耶设计的"居住单位"高层建筑更适合于家庭生活。（W. 王）◢

↑ 4 鸟瞰
← 5 乡村广场

参考文献

Atelier 5, *Siedlungen*, Zürich, 1984.
Tschanz, Martin, et al. , *Architektur im 20. Jahrhundert: Schweiz*, Munich, 1997, pp. 218-219.

* 伯尔尼市建筑与城市规划处所属的工作室之一。——译者注

↑ 6 从带人工照明的花园庭院看住宅外观

↑ 7 从起居室透过玻璃墙向花园庭
　　院看的景观
↑ 8 乡村广场
→ 9 两种类型住宅的平面和剖面
↓ 10 乡村广场

除署名者外，其余图和照片由第5
工作室提供

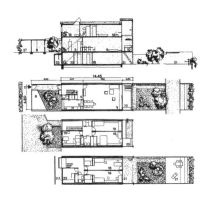

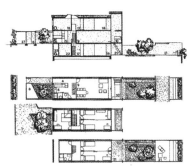

66.柏林爱乐音乐厅

地点：柏林，德国
建筑师：H.夏隆
设计／建造年代：1956，1960—1963

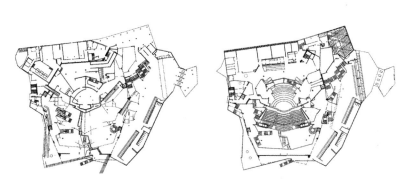

↑ 1 包括门厅、乐器存放间在内的音乐厅入口层的平面（艺术学院提供）
↑ 2 听众席平面（艺术学院提供）

按照音乐应该发自听众席中心的独到见解，夏隆终于把他几十年的研究转变为一个独特的创作成果——柏林爱乐乐团的音乐厅。音乐厅内的四周，是升起来的各种角度的多边形（隐喻葡萄园），其中每个都能容纳一个大型交响乐队规模的听众。这样，听众就不再会被认为是一群无形的大众，而是与演奏者同等的一个特殊群体。

进入这座音乐厅，首先映入人们眼帘的是具有台阶和门廊的休息厅。虽然这个休息厅看起来似乎是建筑师完全随意设计的，但是他在听众进场时节日般的狂喜与离场时盛大集会般的效果之间做了细心平衡，从而使建筑的

这一部分具有了和音乐厅本身一样出色的空间秩序。

与以前许多成功的设计不同的是，这个音乐厅是一座真正的民主广场，它允许听众相对自由地在休息厅和演奏厅中漫步。

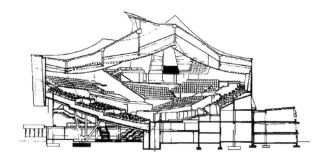

↑ 3 纵向剖面（艺术学院提供）

↑ 4 西面外观（F. 赖因哈德提供）

就这样，传统鞋盒式的音乐厅的严肃刻板就被完全消解掉了。源出同宗，这座音乐厅的外部也被处理成了几乎像是一顶临时的帐篷。

爱乐音乐厅成为后来相继建成的乐器博物馆和室内乐音乐厅的起点。这三座建筑出色地把音乐演奏和学术活动在空间上联结在了一起。在20世纪60年代初期，这三座建筑所构成的一个文化核心，也是对柏林被分成两部分的回应。无论是过去还是现在，爱乐音乐厅都是重建后的德国首都城市风景线上的一座指向标。（W. 王）◢

参考文献
⋮
Wisniewski, Edgar, *Die Berliner Philharmonie und ihr Kammer-musiksaal*, Berlin, 1993.

→ 5乐队演奏台(F. 赖因哈德提供)
→ 6门厅内景（ W. 王提供 ）
→ 7演奏厅内景（ W. 王提供 ）

67. 孤儿院

地点: 阿姆斯特丹，荷兰
建筑师: A. 范艾克
设计/建造年代: 1957—1960

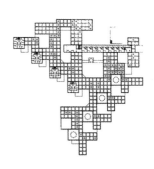

→ 1 底层平面
→ 2 上层平面（C. 维奥莱特提供）

↑ 3 带疏雨水器的沙坑（H. 范德
迈登提供）

阿姆斯特丹孤儿院是20世纪60年代初期荷兰最有影响的慈善机构建筑，它不仅解决了安置孤儿院所需的空间问题，同时也解决了与开办孤儿院有关的全部问题。范艾克"迷宫似的清晰"的概念奠定了后来所谓结构主义学派的基础，H. 赫茨贝格尔设计的中央贝赫尔保险公司总部大楼可以作为该学派最好的例子。范艾克设计的这所孤儿院由分等级的儿童居室（相互分散）、白天活动用的房间、管理部门和中央的公共活动区组成。

两座儿童宿舍侧楼像是复制的一样完全相同，它们的内部和外部游戏空间沿着一条斜线互相致意，而在局部则彼此成垂直关系。别具匠心地运用相互矛盾的形式、材料或是变换层面，给使用者留下广阔的想象余地。在重复单元的布局上稍有不同，但这种变化是经过仔细研究确定的。整个建筑

↑ 4 2—4岁儿童单元的大圆屋顶空间

群与中心庭院的关系也在重复每座规模较小的侧楼与庭院的关系。同样，每座侧楼中央的圆顶也是在重复各个开间上较小的圆顶。范艾克把整个建筑中形式上的变化限制为六个，使这座慈善机构的建筑在整体上既有同一性，又有表现差别的自由。

利用这种方法，范艾克把他的设计思想中的两个方面（错综复杂和清晰明快）贯彻到了这座孤儿院建筑的每个方面，使不愿出头露面的慈善机构的建筑丝毫也不带夸张和矫饰的表现。这座孤儿院因其在建筑形式上的同一性，在荷兰乃至世界范围都是十分成功之作。(W.王)◢

参考文献

van Eyck, Aldo, *Projekten 1948-1961*, Groningen, 1981, pp. 49-95.

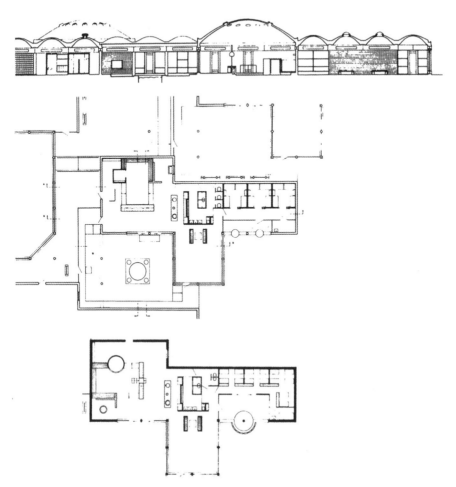

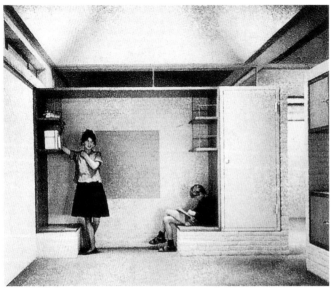

←5 单元剖面
←6 幼儿底层单元的平面
←7 带上层的大儿童单元的平面
←8 女童部阅读凹室

除署名者外，其余图和照片由 A.
范艾克提供

68. 路易斯安纳博物馆

地点: *胡姆勒拜克，丹麦*
建筑师: *J. 博和V. 沃勒特*
设计/建造年代: *1958—1991*

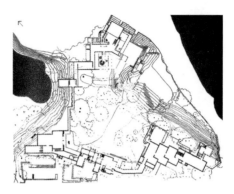

← 1 总平面

C. 沃勒特曾经用这样的词句描绘这座确立了艺术与自然相互结合新标准的现代博物馆建筑："从它丰富的内涵和富于创造性的环境，可以看出建筑师们在设计它时的良苦用心。"除此之外，这座建筑的设计方法还成功地排除了博物馆内在的障碍，同时又保留了艺术的氛围。当一个人里里外外地在这座博物馆建筑丰富多彩、变化多端的空间走一遍后，他就会亲身感受到

J. 博和V. 沃勒特的确创造出了一片充满艺术情调的风景。

博和沃勒特设计这座博物馆的初衷，是在一片繁茂优美的园林深处建造一座私人的现代艺术品收藏馆。博物馆的建筑群耸立在一座小山上，以一座朴实无华的19世纪乡村住宅为始，随后是平屋顶的展览馆，两者之间呈交错之势，最后是坐落在峭壁上的雕塑品展览平台，从上面可以俯瞰山下的景

色。在30多年的建造过程中，建筑师们曾经几度扩建这座博物馆，因此它的艺术表现形式显示出了一些变化。

受日本和加利福尼亚木结构建筑的启发，较早建成的展览馆以它的纯朴和清新使建筑艺术与周围的自然环境毫无拘束地交相辉映。在可以看到人工湖和玻璃走廊的两层大厅里，木材构成的框架创造出一种内部空间与外部空间的互相渗透。后来增加

↑ 2 从两层楼的画廊透过玻璃墙向人工湖看的景观

的一些项目显示采用的仍是价廉和普通的材料，只是增添了一些展示艺术品的背景，如不抹灰的白墙和来自上方的漫射自然光，为了给对光线敏感的艺术品提供理想的展示条件而开辟的地下展览空间等。

拥挤的参观者漫步穿行在画廊、花园和博物馆内的各种设施之间，他们一定都会认为路易斯安纳博物馆的环境既适应自然又满足人工的要求。(H. 库索利茨赫)◢

参考文献
⋮
Michael Brawne, *Jørgen Bo and Vilhelm Wohlert: Luisiana Museum, Humlebaek*, (*Opus 3*), Wasmuth, 1997.

↑ 3 自助餐厅前的雕塑品展示平台和向南看的景观
↑ 4 北侧带采光顶的画廊

图和照片由 J. 博和 V. 沃勒特，以及路易斯安纳博物馆，J. 弗雷泽里克森提供

北欧、中欧、东欧

1960—1979

69. 圣彼得里教堂

地点：克利潘，瑞典
建筑师：S. 莱韦伦茨
设计 / 建造年代：1962，1963—1969

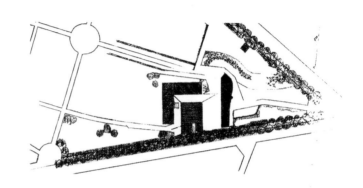

→ 1 总平面
↓ 2 底层平面

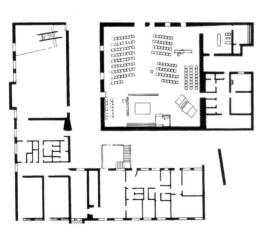

　　圣彼得里教堂坐落在小镇克利潘的一座公园的角落里，除了拱形屋顶略显特殊以外，给人的第一印象是一座低矮昏暗的砖结构建筑。整个建筑群由两部分组成：第一部分是教堂本身和与它相邻的钟楼及入口处的每日礼拜小教堂；第二部分是坐落在东北角护墙内的教区用房。如果进一步考虑一下，会发现这个教堂建筑群是对20世纪教堂类型建筑最激进的重新诠释，完全没有比它更早出现的像朗香教堂似的那种新巴洛克式形式主义的盛饰和华丽。

　　作为一个成熟的建筑师，莱韦伦茨用一块由砖、钢、木材和铜片等材料组成的小调色板，以他的才能描绘出了一个表现力极强的教堂建筑群。无论是为了礼拜仪式，还是为了执行教区的使命，教

↑ 3 教堂内景（W. 王提供）

堂中所采用的每一个精细的图案都显示出了一种几乎是无限的形式多样性。身处这样一座教堂中，信徒们会产生一种非同寻常的体验：对生活中最重要

事件的专注。这座教堂的建筑形式不是为了争得注意。教堂内的照明特意保持了较低的亮度，以增强宗教气氛。

如果想从这座建筑的

构件中找到一些简单而直接的参考的话，最好的例子就是几乎位于教堂中心的一根钢支柱。它是一根T形钢，支撑着四根工字钢，工字钢又支持着12个

形状不同的半圆筒形拱。

总之，莱韦伦茨是采用把相对简单的各种建筑形式综合起来的技巧，构筑出了一座非同寻常的教堂建筑。例如，所有的砖墙都采用非常宽的灰缝，这样竖缝（垂直缝）就无须用一般的机械方法对准；又如把窗户布置在北立面上，有意地造成一种把不对称性加以平衡的印象。这种设计方法，虽然可以被解释为仅仅是建筑形式的一种表现手法，但是它对于一座让人感到上帝存在的幽深教堂建筑来说，却是至关重要的。

（W. 王）◢

↑ 4 立面（W. 王提供）
↑ 5 主立面外观（瑞典建筑博物馆，P. 马克斯提供）

参考文献
⋮

Ahlin, Janne, *Sigurd Lewerentz, Architect*, Stockholm, 1985.
Dymling, Claes, *Architect Sigurd Lewerentz*, Stockholm, 1997.

70. 柏林新国家画廊

地点：柏林，德国
建筑师：L. 密斯·凡·德·罗
设计 / 建造年代：1962—1967

在密斯·凡·德·罗的职业生涯中，他加在美术馆上的神殿般的巨型围廊，虽然是极简派艺术，在许多方面却算得上是一个高潮。除了他另外的一些设计项目（如巴卡尔迪公司和建于德国施韦因富特的另一座画廊等）以外，柏林画廊规划的完善、设计的新颖、细部的优美和施工的精致，使这座建筑成为第二次世界大战以后新启蒙运动的最清晰的表现。

十分明显，八根柱子和钢网架结构屋顶的底层空间并不适宜展出精美的绘画，沿着一道斜坡进入画廊地下室也并不是一件令人特别愉快的事。但是这座画廊内的广阔空间和细部的坦率却符合密斯·凡·德·罗的一条建筑设计原则：大而抽象的空间足以容纳多种多样的功能。

在布局上，画廊的地下室像是两个搭接的矩形，被参观的人所忽略的南边"剩下"的空间用来容纳画廊的管理部门。在这种意义上，新国家画廊标志着以 P. 贝伦斯在 1911 年设计的柏林维甘德住宅为开始的另一个终点。
（W. 王）

↑ 1 底层平面
↓ 2 底层内景（K. 巴尔塔察尔提供）

↑ 3 全景（F. 赖因哈德提供）

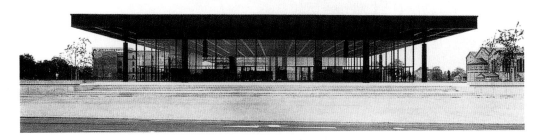

参考文献
⋮
Schulze, Franz, *Mies van der Rohe*, New York, 1985.
Zohlen, Gerwin, *Neue National-galerie Berlin*, Berlin, 1998.

↑ 4 立面（现代艺术博物馆提供）
↗ 5 巨型围廊（K. 巴尔塔察尔提供）
↗ 6 通往入口的台阶（K. 巴尔塔察尔提供）

71. 火葬场和骨灰墓园

> 地点：布拉迪斯拉发，斯洛伐克
> 建筑师：F. 米卢茨基
> 设计/建造年代：1962—1967

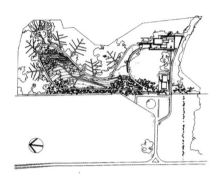

← 1 总平面

↑ 2 通向入口的台阶

沿着一条宽大的、阴郁的曲折人行道，就来到这座火葬场——由许多水平和垂直围墙构成的半临时性的围合空间。一间等候室面对着送葬者，从主入口上方高悬的墙板到葬礼教堂，充满了一种诀别的气氛。这是一座通向阴间的大门，送葬者一旦站在教堂内，就会情不自禁。火葬场建筑的构图原则十分明显，就像早期新造型派的风格，构件同时是物质的和抽象的。在教堂玻璃隔墙的另一边，有着一种理想的延续性，它强调着扩展的观念：扩展的空间成为安息的空间。建筑从而完成了这种比拟。

离开教堂以后，送葬行列穿过巨型玻璃隔墙，沿着一条更为狭窄的小路来到树林中的骨灰墓地。送葬行列不走回头路，这是一位斯堪的纳维亚建筑师（S. 莱韦伦茨）在20世纪初经过调查以后发明的一条规则，他试图通过

↑ 3 全景

设计适当的送葬行列行进路线来象征生命的不断循环。火葬场教堂和骨灰墓地各自坐落在一条山谷的两边，周围长满了茂密的树木，当送葬行列步行穿过开敞的墓园时，这样的设计更强调着到达与离去的尺度。(W. 王) ◢

参考文献
⋮
Dulla, Matus, *Ferdinand Milućký: Architect*, Bratislava, 1997.

← 4 外观
← 5 入口
← 6 献祭小教堂

图和照片由斯洛伐克科学院提供

72. 巴卡湾哈夫斯坦住宅

||地点：加达赫里普，冰岛
建筑师：H. 西于尔扎多蒂 – 安斯帕克
设计/建造年代：1963—1967

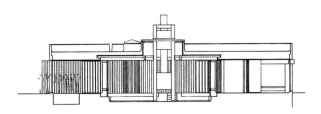

↑ 1 剖面（雷克雅未克艺术博物馆提供）
↓ 2 顶灯和烟道（H. 卡里提供）
↓ 3 浴室内景（L. K. 马格努斯提供）

这座颇具古风的住宅中心是一座壁炉，壁炉前方是宽敞的休闲廊，从那里可以通过推拉门退入卧室。起居室就以休闲廊为核心，精巧地分为四块扇形，创造出了一种不同于形式单一的起居室的特色。

这座住宅坐落在哈夫纳尔夫约迪镇附近的一个山坡底下，由于附近没有什么吸引人的景色，所以必须在它自己的内部创造出一个优美的世界。建筑师采用高侧窗、天窗和少数几面大窗户与稀疏的外部装饰进行平衡。

山洞似的淋浴室以及用作图书室和厨房的隐蔽空间，强调这座住宅类似一个原始的隐居处。建筑师所选择的两种主要建筑材料——钢筋混凝土和松木，也加强了这种特色。模板上的疤痕和松木板互相共鸣。从一个构造到另一个构造的暗示，证实不同的结构作用。

西于尔扎多蒂–安斯

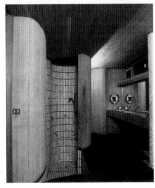

↑ 4 起居室内景（H. 卡里提供）

帕克把古典住宅的类型与
早期现代建筑的极简抽象
艺术传统合成到这座住宅
当中。他没有求助于像
勒·柯布西耶这样的早期
现代主义建筑师所惯用的
图解式几何造型系统，而
是对空间做比例匀称的处
理，从而避免了纯平面
形式的困扰，而服从实际
的有移情感觉的围场。比
如这座住宅中淋浴间的围
墙，它的比较自由的形状
是由不同的曲线段形成
的，与其说它是一种雕塑
造型，不如说它是原始的
拟人的回忆。（W. 王）◢

参考文献
⋮

Marja-Riitta Norri, Maija Kärk-
kännen, *Högna Sigurdardot-
tir-Anspach*, Helsinki, 1992.

→ 5 全景（奥尔曼森提供）
→ 6 餐室内景（L. K. 马格努斯提供）
→ 7 壁炉（L. K. 马格努斯提供）

73. 奥林匹克运动场

║ 地点: 慕尼黑, 德国
║ 建筑师: G. 贝尼施以及 F. 奥托和莱昂哈特 + 安德烈
║ 设计/建造年代: 1967—1972

像一处景点的这座体育设施建在一座重建的公园内, 体育场和训练设施都根据需要安装了张拉结构的顶棚, 以保证明亮和透明。这座运动场的构成明显地与传统形式的体育场不同, 尤其是有别于 W. 马赫在注定要招致厄运的 1936 年设计的柏林奥林匹克运动场。把运动场的全部建筑都建在一座风景如画的传统英国式公园内, 这还是第一次。在整个建筑群的内部, 步行的距离很短也是这个运动场的一个特点。在这里, 人们可以发现一座沉浸在周围优美的自然景色中的古代希腊剧场的现代变型。

运动场结构系统的巨大拉力由深埋在起伏不平地面下的坚固混凝土基础所平衡, 在保持较为独特的帐篷式的自然形态与满足建筑寿命持久的需要之间, 达到了一种理想的平衡。这座运动场的设计, 虽然利用了一些 1967 年建造蒙特利尔世界博览会德国馆的经验, 但由于那是一座临时性的建筑, 所以现在提出了更严格的装

← 1 剖面

← 2 剖面

↑ 3 看台，屋顶结构

↑ 4 湖边和帐篷系统
↑ 5 从湖的方向看全景

图和照片由贝尼施联合建筑师事务所及 C. 坎齐亚提供

配、稳定和维护的要求。另外，带顶棚的各种运动设施完全相同的外观，不论是否全天候需要，都意味着需要有复杂零件来连接封闭空间的垂直玻璃幕墙系统。

尽管在奥运会期间发生了恐怖分子袭击事件，慕尼黑奥林匹克公园依然保持了它作为第二次世界大战以后新德国所建造的一座最典型的公共建筑的精神气质，它渴望着改变长期受传统束缚和压抑的文化面貌，及其伴生物——单一的整体式建筑。(W. 王)◢

参考文献
⋮
Kandzia, Christian, *Architekten Behnisch & Partner*, Stuttgart, 1987, pp. 27-47.

74. 圣威利布罗德教堂

> 地点：瓦尔德魏勒，德国
> 建筑师：H. 比内费尔德
> 设计/建造年代：1968

→ 1 总平面（德国建筑博物馆档案室提供）
↓ 2 剖面（德国建筑博物馆档案室提供）

建筑物比例和外观上的优良品质，以及对细部的深入强调，决定了 H. 比内费尔德的建筑艺术。这些设计原则是他通过数量不多的私人住宅和基督教会建筑的设计实践体会到的。他要求质量达到能工巧匠所建大厦的那种超级品质，这正是精美装饰的砖砌结构和地中海建筑的简洁与朴素的特点。圣威利布罗德教堂既节制又装饰丰富的砖墙，出人意料地出现在四周不起眼的迷宫般的乡间住宅里，给人一种奇异的古代的感觉；砖砌装饰强调着结构要素，并令人回忆起古罗马帝国的行省建筑。

受建筑场地的限制，这座教堂采取了多边形的平面。教堂中心唯一明亮的地方用来安置圣坛，光线来自圣坛上方的一面玻璃天窗，教堂其余的房间则处于模糊和昏暗之中，只能从围墙上的小窗口获得些许微光。圣坛后面原先残留的建筑和粗糙的石块地坪，给人一种古代遗迹的印象；匀称的木大梁上固定着平行的小起脊屋顶，更加强了这种古代的气氛。

比内费尔德对建筑材料和建筑表面老练而微妙

↑ 3 教堂内景（S. 巴尔克提供）

的处理，创造出了令人印象深刻的精美建筑细部，唤起了一种浑厚坚实的强烈感觉。他就像一位理想王国中的隐士，又像一位与变幻时尚的世界有别的手艺人及建筑传统价值的保护者和更新人。在德国建筑界，比内费尔德是一个重要而独特的角色，他既影响了德国重要的教堂建筑（如D. 博姆、R. 施瓦茨和E. 斯蒂芬设计的教堂），在巧妙的设计手法上又与C. 斯卡尔帕在伯仲之间。（H. 库索利茨赫）

参考文献

Speidel, Manfred and Sebastian Legge, *Heinz Bienefeld: Bauten und projekte*, Köln, 1991.
Voigt, Wolfgang (ed.), *Heinz Bienefeld 1926-1995*, Tübingen/Berlin, 1999.

→ 4 教堂外观（S. 巴尔克提供）
→ 5 砖砌结构和顶棚细部（L. 罗思提供）

75. 拜克住宅区

地点：纽卡斯尔，英国
建筑师：R. 厄斯金
设计/建造年代：1968，1969—1981

← 1 总平面

在泰恩河畔纽卡斯尔的中心河谷之上，拜克住宅区依山脊的地势而建。这项工程最引人注目之处是住宅区的一面墙，它让人回忆起中世纪的建筑，但它的作用是阻挡来自附近高速公路上的噪声。这面墙的外侧仅以小的开口显示它隔声的特性，这和墙内住宅区琳琅满目的悬挑阳台、露台和门窗形成了完全不同的对比。这个住宅区内，还有比较多传统的联立式住宅，它们半隐半现地偎依在保护结构之中。

厄斯金的建筑师事务所曾经与这个住宅区未来的住户有过一次对话，并且满足了他们数目有限的要求，使整个住宅区的设计方案有某些改观。不过，其在基本的一套材料和建筑细部上是不变的，变化只在色彩或外形上，因而这个大建筑项目给人以整

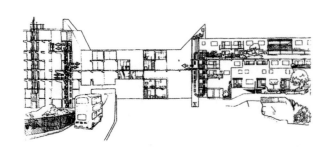

← 2 立面透视和剖面透视

体上风格一致的感觉。

　　这个住宅区的设计吸收了一些先前的住宅区的特色，因此在大约13年后这个再开发的过程中，该住宅区至少仍然保持着一部分社会凝聚力。（W.王）◢

参考文献

Egelius, Mats, *Ralph Erskine, Arkitekt*, Stockholm, 1988.

↑ 3 立面外观

← 4 全景
← 5 立面外观
← 6 立面外观
← 7 立面外观

照片由 N. 萨莉 – 安提供

76. 海德马克大教堂博物馆

||地点: 哈马尔，挪威
建筑师: S. 费恩
设计 / 建造年代: 1968—1988

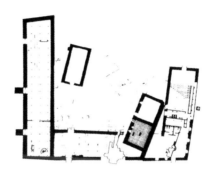

→ 1 二层平面

这座大教堂中前主教住宅的遗址和与它毗邻的大棚屋，只不过是时间的沉积物。但是，最新增加的博物馆却在任何意义上都绝对不带一点中世纪建筑的色彩。它在新增部分的架空构件与正继续进行考古工作的相邻保护区间，画出了一条清晰的界线。新增部分的形式简练且迥然不同，从大的结构到最小的独特细部，形成一种诗意的对比。

这座博物馆的北侧是

人种史展馆，展出前几个世纪农村社会的遗物；中央部分用于展出中世纪的文物；南侧用于容纳管理部门和一个大讲堂。三个部分之间主要由架空的走道连接，并带有斜向坡道，它参照着一条原来向东的围墙进行布置。按顺序穿过这三个展厅，参观者可按顺序参观大大小小古代残存的碎片和遗迹。

在本身相当于建筑物片断的走廊和坡道内，费恩也设计了较小展品（不

↑ 2 内景

论是以前日常使用的物品，还是小型宗教文物）的类似展区。架子和座子都是按展品（如肖像画、瓶子、小雕塑品等）的特点单个设计和处理的。总起来看，它们既具有浓厚的象征主义色彩，同时又像是一个抽象派雕塑家（如贾科梅蒂）的世界。

优雅得像雕琢的宝石似的玻璃窗，除去为博物馆内的古代文物和建筑装饰提供最低限度的环境保护以外，它既映照出在博物馆外闲庭信步的参观者，反过来又像是一幅以博物馆的庭院和周围的风景为外框的照片。海德马克大教堂博物馆的确是一座出色的现代建筑：它安详地处在过去和现在的关联中。（W. 王）◢

参考文献
⋮
Fjeld, Per Olaf, *Sverre Fehn: The Thought of Construction*, New York, 1983.

← 3 立面外观
↑ 4 全景
↑ 5 内景

图和照片由 W. 王提供

77. 沃吕沃 – 圣朗贝尔大学医学系

地点：勒芬，比利时
建筑师：L. 克罗尔
设计/建造年代：1969, 1970—1977

→ 1 全景轴测图
↓ 2 系统平面
↓ 3 立面

鉴于1968年发生了学生运动，这所位于勒芬（原卢万）的天主教大学委托了一位自愿而又有能力的建筑师，在学生群众的参加下，设计这个医学系的建筑群。设计分成几个不同的小组进行，最后把各个小组关心和想象的意见综合集中在各座建筑的设计当中。业主、使用者、建筑工作者各自之间的斗争，最终被证明是有建设性意义的。整个建筑群中最重要的学生宿舍，与 R. 埃姆斯和 C. 埃姆斯在20年前设计洛杉矶的个案研究住宅十分相似，证明了许多平庸建筑产生的原因，并不在施工公司方面，而在于他们所采取的方式。因此，大楼的内部和外部，采用了规整的10厘米和30厘米的网格结构，在其中可以根据需要布置窗户、内部隔墙等构件。

医学系建筑群已经成为灵活的一体化设计的一个范例，后来为众多的工

↑ 4 鸟瞰

图和照片由建筑师 L. 克罗尔提供

业化国家所争相仿效。这是因为这项设计纠正了批量生产和经济便宜的理性主义造成的无差别和没个性，完全符合由1968年闹事学生构成的真正战后第一代人的追求。除了这个医学系建筑群之外，L. 克罗尔的建筑师事务所还设计了许多公共建筑，如地下铁道车站、行政管理办公大楼、基督教中心等。

（W. 王）◢

参考文献

Kroll, Lucien, *Lucien Kroll: Bauten und Projekte*, Stuttgart, 1987, p. 3.

78. 文化中心

地点：斯德哥尔摩，瑞典
建筑师：P. 塞尔辛
设计/建造年代：1970

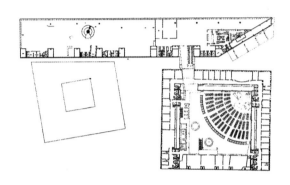

在筹划斯德哥尔摩市文化中心的当时，该市的内城正在持续执行一项重建计划，其指导方针是按照正统的功能主义把内城划分为住宅区、休闲区和工作区，而由文化中心、瑞典银行和市大剧院组成的新建筑群的建设，正是为了加强这一城市改造进程。塞尔辛在全斯堪的纳维亚地区的投标竞争中获胜，他的设计方案从根本上终止了那种按功能的分隔，而创造一个基本的城市核心。这样，文化中心就形成了斯德哥尔摩市现代的内城城墙：北面是玻

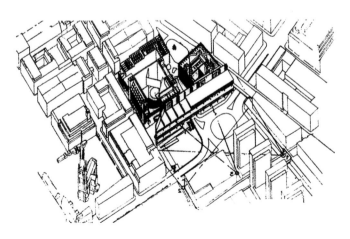

↑ 1 平面
← 2 轴测图

↑ 3 立面外观

璃幕墙，南面是抗剪混凝土墙。

与斯德哥尔摩文化中心类似的蓬皮杜文化中心过去的第一主任P.于尔滕认为：包含剧院、图书馆、展览馆、商店、咖啡馆等设施在内的文化中心，应当是一座能同时进行多种文化活动的开放式建筑。在斯德哥尔摩文化中心，服务部门被安置在了南墙以内的区域；北部的大跨度梁、大间距柱子和大面积的地面，允许不受干扰地灵活变换用途。

由于斯德哥尔摩文化中心的一部分是向一院制的瑞典议会临时借用的，该中心无法开展计划中的多样化的文化活动，并因此不堪大量的文化活动所带来的重负，直接影响它取得更大的社会效益。到了20世纪90年代的初期，这个文化中心整个的建筑又进行了扩建和改造，其中包括增加中心内部的循环交通系统，以保证改善

对公众的接待和服务。

连同另外两座参加招标竞争的建筑（指瑞典银行和斯德哥尔摩市大剧院——译者注）一起，这三座建筑确实填补了仍在扩展的现存的传统城市结构与斯韦夫延设计的更像相反似的城市结构之间的裂痕。随着时间的推移，这种品质将会变得更加明显。（W. 王）

参考文献

Wang, Wilfried, *The Architecture of Peter Celsing*, Stockholm, 1996.

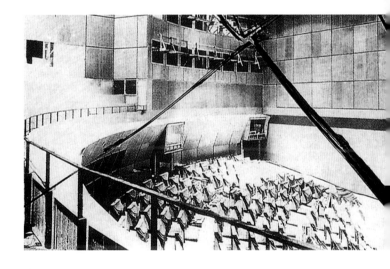

← 4 入口
← 5 报告厅
↑ 6 从广场看全景
↑ 7 剧院

图和照片由 J. 塞尔辛提供

79. 中央贝赫尔保险公司总部大楼

地点: 阿珀尔多伦, 荷兰
建筑师: H. 赫茨贝格尔
设计 / 建造年代: 1970—1972

↑ 1 五层平面
↓ 2 剖面透视

中央贝赫尔保险公司总部大楼建筑场地靠近一条铁路线。正因为它是一家保险公司的总部,所以设计构思强调这座建筑要最大限度地易于接近和可以穿通。这四座相同的五层高、平面呈正方形的单元办公楼内有无数的出口和入口,使整个建筑群几乎成了一座有小巷、小广场和庭院的小城市。四座单元办公楼之间搭接拐角处的空间,在结构设计上有所变化。

混凝土砌块填充的钢筋混凝土框架结构,看起来十分简洁明快。这种风格部分地是受路易斯·康设计的纪念理查兹医学试验楼和 J. 杜伊克尔设计的露天学校的影响,所不同的是赫茨贝格尔建造的是一座开放的社会机构的办公大楼。

自然光是穿过每个单元之间的天窗射入办公大楼的。大楼的空调系统与

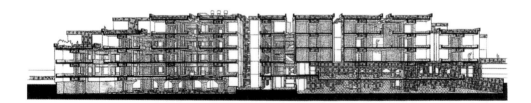

结构系统合为一体。大楼结构本身由现场浇注的构件、预制的楼板和屋面板等构成。大楼构造不加修饰的特点，意在请使用者以诸如花盆和家具之类的东西来装点自己的工作空间。（W. 王）◢

↑ 3 鸟瞰（希福尔航空摄影公司提供）

参考文献
⋮
Hertzberger, Herman, *Lessons for Students in Architecture*, Rotterdam, 1991.

↑ 4 中庭

除署名者外，其余图和照片由 H. 赫茨贝格尔建筑师工作室提供

80. 比安希住宅

地点: 圣维塔莱河村, 瑞士
建筑师: M. 博塔
设计/建造年代: 1971, 1972—1973

为了充分利用建筑场地的斜坡地势, 比安希住宅被设计成塔状, 它最高的一层通过一座钢构架桥与外界联系。这座平面呈正方形的建筑的框架, 愈接近地面的楼层占据的正方形的体积愈大。地下室用于容纳车库和其他服务设施, 它上面的一层是包括餐厅和厨房在内的起居室。俯视餐厅的带走廊的小孩卧室和客房, 被安置在住宅的第三层, 再上面的一层是主人的卧室。从三座阳台上可以观赏周围的湖光山色。

比安希住宅是博塔设计的第一座建筑, 他用严密精确的设计手法得心应手地把不同的空间组织成为一个完整的几何造型, 它使人联想起路易斯·康和勒·柯布西耶设计的一些建筑。住宅内部分割微妙的变化 (如偏置的楼梯位置) 证明了博塔丰富的空间想象力。

建造住宅所用的主要材料 (钢筋混凝土和混凝土砌块) 强调了建筑外表的一致性, 而内部空间配置的丰富则赋予私人生活以更多的自由度。(W. 王)

↑ 1 侧面外观 (M. 博塔提供)
↑ 2 起居室内景 (M. 博塔提供)

参考文献
:
Pizzi, Emilio, *Mario Botta*, Zürich, 1991, pp. 22-23.

↑ 3 包括入口桥的全景（A. 扎内塔提供）

81. 市博物馆

地点: 门兴格拉德巴赫, 德国
建筑师: H. 霍莱因
设计/建造年代: 1972, 1973—1975

← 1 全景轴测图 (H. 霍莱因
提供)
← 2 总平面 (H. 霍莱因提供)

门兴格拉德巴赫市博物馆是这座城市结构的一部分, 坐落在一个山坡上, 整个建筑群与通往罗马风—哥特式教堂的人行道及兴登堡大街通往市区南部的人行道交织在一起。博物馆建筑群的体量比较低矮, 以保持与周围环境的和谐。一块宽阔间隙式的人行道区不仅为城市增添了景色, 同时也用来在户外展示雕塑作品。

这个博物馆建筑群的主体是一座两层的陈列馆, 其中北面一层的空间十分明亮, 可以沿着一条与主体相连的斜过道进入。博物馆另外的两个组成部分是另一座较大的与前者不同的展览大厅和连接建筑群与山坡的自由式平台。曲线形的平台一直延续到博物馆管理大楼的玻璃幕墙, 这种城市景象与附近的教堂遥相呼应。

为了突出博物馆建筑群的整体特色, 所选择的材料都注意与每一座相邻的建筑相协调, 从而使建筑形式明显多样化, 也使这座博物馆成功地消除了它在已有的建筑群中盛气凌人的形象, 同时又保持了本身独特、欢快的特色。(W. 王)

参考文献

Pehnt, Wolfgang, *Hans Hollein-Museum in Mönchengladbach: Architektur als Collage*, Frankfurt am Main, 1986.

↑ 3 花园方向正立面（M. 达尔索提供）

← 4 展览大厅内景（M. 达尔索提供）

↗ 5 鸟瞰（迈斯卡提供）

↗ 6 朝过道看的景观和锯齿形屋顶细部（M. 达尔索提供）

↗ 7 从自助餐室向楼梯间看的景观（G. 里哈提供）

82. 新议会大厦

地点：波恩，德国
建筑师：G. 贝尼施
设计/建造年代：1972，1987—1992

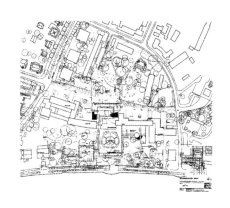

→ 1 总平面（贝尼施联合建筑
师事务所提供）

新的比较低的德意志联邦议会下院可以被想象成一座完美地融合在莱茵河畔沿岸的公园景色中的透明建筑，它由一些矩形的建筑体组成，将已有的建筑重组在一起面对公众和自然环境。在这项新议会大厅的设计中，贝尼施注意了扩展建筑的边界，使结构的各个层面向四周铺开，以冲淡玻璃幕墙表面的强烈效果，使会议大厅看起来像一座敞开的建筑。会议大厅内座位和

讲坛的布置，为议员们的争论创造出一种活跃的气氛，也使领导者们产生一种责任感。议会大厅内还有许多艺术品，是一大批艺术家为了使这座20世纪末的议会建筑成为一项完整的艺术工程而创作的。

有讽刺意味的是：这座议会大厅在启用不久，就由于德国的重新统一被废弃不用了。但是作为一个民主国家现实的见证，它令人信服地说明了当初建造它的诚挚目的：以它

可供游说活动和达成协议的辅助空间，为议会创造一个良好的内部工作环境。（W. 王）

参考文献

Kandzia, Christian, *Architekten Behnisch & Partner-Arbeiten aus den Jahren 1952-1987*, Stuttgart, 1987, pp. 243-249.
Uebele, Andreas, Sigrid Hansjosten, *Ein Gang durch die Ausstellung: Behnisch & Partner*, Stuttgart, 1993, pp. 74-105.

↑ 2 立面外观（C. 坎齐亚提供）

← 3 鸟瞰（C. 坎齐亚提供）

← 4 通向议员会议大厅的楼梯结构
（C. 坎齐亚提供）

↓ 5 剖面（贝尼施联合建筑师事务
所提供）

↑ 6 餐厅内景（C. 坎齐亚提供）

↑ 7 幕墙和庭院（C. 坎齐亚提供）

↑ 8 楼层平面（贝尼施联合建筑师事务所提供）

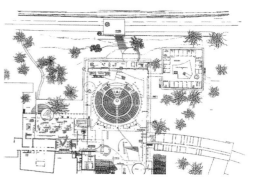

↑ 9 楼层平面（贝尼施联合建筑师事务所提供）

83. 芒特卡梅尔圣母教堂

地点：菲尔豪斯，爱尔兰
建筑师：S. 德布拉坎和 J. 马尔
设计 / 建造年代：1976—1978

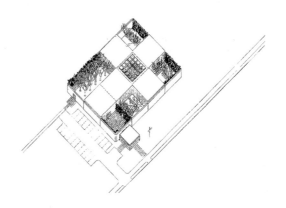

→ 1 轴测图

芒特卡梅尔圣母教堂位于菲尔豪斯市的郊区，它的矩形结构和四座庭院只能对这座圣殿似的伊甸园的外形略表一二。教堂外部的混凝土砌块墙建成了横三间、竖四间的形状，以符合十字形的教堂平面。一个偏离中心的四柱门廊指示出教堂的入口，同时它也代表了教堂本身的典型结构：每个开间都由四根柱子支撑，柱子之间用对角线交叉梁连接。处于两个方向交叉点上的中心开间的结构略有不同，这里是圣坛所在的位置，采用垂直交叉梁，从顶部采光。

教堂采用了从地面到顶棚的落地式窗户，并且摆脱了传统的十字形空间格局，由围绕教堂的混凝土砌块外墙与周围的无数树木共同参与对教堂空间的限定。

S. 德布拉坎和 J. 马尔已经从路易斯·康的许多设计先例（如特伦顿·巴思住宅等）中找到一条继续探索清晰的结构、真实的材料和充满诗意的空间的真正途径。（W. 王）◢

参考文献
⋮
Olley, John et al. , *Architektur im 20. Jahrhundert: Irland*, München, 1997, pp. 148-149.

↑ 2 围墙
→ 3 从庭院向横厅看的景观
→ 4 顶棚构造
→ 5 剖面透视

图和照片由 S. 德布拉坎和 J. 马尔提供

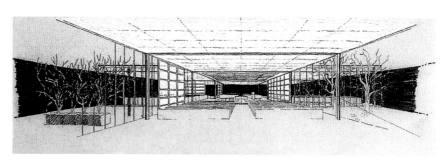

84.蒙特卡拉索城市复兴规划

地点: 提契诺，瑞士
建筑师: L. 斯诺齐
设计/建造年代: 从 1977 年起

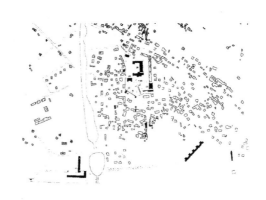

↑ 1 包括插入新建筑的城市规划图
↓ 2 体育馆和更衣室，底层平面

　　小城市蒙特卡拉索的逐步改造和复兴已经在地方当局的支持下开始实施，其目的在于扭转互不联系和自由泛滥的城市增长局面，同时还要加强原来的城市中心。根据这项规划，原来的修道院被改成了城镇的学校，教堂和公墓清除了它们19世纪的表面装饰。这项规划中最重要的项目是一座新体育馆、一家新银行以及为数众多的现代化住宅和公寓大楼，其规模之巨大是其

他地方尚未见到过的。

　　L. 斯诺齐几乎是单枪匹马地努力使这座城镇的居民和行政当局信服：某些城镇的发展法则，将会

保证较为协调的城市组织以及比较整体的外观。该规划已实施了几乎四分之一世纪，并且仍未完成，但是已经在这两个方面获

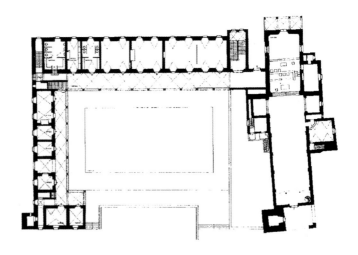

↑ 3 城市一角远眺

得了多个奖项，这是独一无二的一个例子。

在这项规划中，最突出的建筑当数由原来修道院改建成的中学以及一些不同规模的精致的私人住宅。在设计和制定这项规划时，斯诺齐虽然从勒·柯布西耶的设计原则中受益匪浅，但是他在几十年的建筑师生涯中已经形成了自己独特而精湛的设计方法，这种设计方法在直率、简洁和高度尊重环境方面与他的瑞士先辈们截然不同。(W. 王)◢

参考文献

Snozzi, Luigi, *Monte Carasso: die Wiederfindung des Ortes/la reinventione del sito*, Basel, 1995.

Tschanz, Martin et al., *Architektur im 20. Jahrhundert: Schweiz*, München, 1998, pp. 262-263.

↑ 3 复建前的包括女修道院的市中心鸟瞰

↑ 4 复建后的市中心全景

图和照片由斯洛伐克科学院提供

85. 斯图加特国家画廊扩建工程

地点: 斯图加特，德国
建筑师: J. 斯特林和 M. 威尔福德
设计/建造年代: 1977, 1980—1983

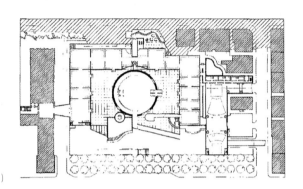

↑ 1 楼层平面 (J. 斯特林基金会提供)

斯图加特国家画廊扩建工程是德国这个最繁荣的州首府的文化设施扩展计划的组成部分之一，这项计划中还包括一座剧院和一所音乐学院及其演奏厅。所有这些项目都是由斯特林和威尔福德设计的。这项计划的第一阶段也是设计竞赛评判时最有争议的议题。斯特林和威尔福德这项设计的成功标志着后现代主义在欧洲大陆有了一个重要的开端。

由于原有画廊的建筑结构呈 H 形，并有一座面对主要大街的门前庭院，所以扩建工程只能沿着城市高速公路荒凉的边缘地带进行。扩建的内容包括：为步行的游客在原有的建筑旁增加一个类似的庭院，重新构筑大门，增加一座露天的圆坛和围绕它的一个公共坡道。这种扩建的方式是按照 K. F. 辛克尔 1827 年设计的老柏林博物馆的式样构思的。但是，这项扩建工程有许多形式和内容不同于它所模

↑ 2 圆形大厅 (R. 布赖恩特和阿尔凯德提供)

↑ 3 入口区全景（R. 布赖恩特和阿尔凯德提供）

仿的原型，如精心处理的
砖砌围墙就让人回忆起P.
博纳茨在20世纪初设计的
横跨城市公园的火车站，
门口的雨棚是参考俄国革
命后的构成主义设计的，
内部设计则是从勒·柯布
西耶经典创作时期的形式
变化而来的。

　　扩建后的画廊建筑
是上述参考对象的一个巧
妙的综合体：由于材料选
择适当，建筑原有的严肃
气氛得以保持；各种参考
的建筑形式的自由组合，
又给人一种顽皮的感觉。
（W. 王）◢

参考文献
⋮
Rodiek, Thorsten, *James Stir-
ling: Die Neue Staatsgalerie
Stuttgart*, Stuttgart, 1984.

→ 4 门厅（R. 布赖恩特提供）
→ 5 庭院（R. 布赖恩特提供）

86. 科利诺·德奥罗学校

地点：蒙塔格诺拉，瑞士
建筑师：L. 瓦基尼
设计 / 建造年代：1978，1982—1984

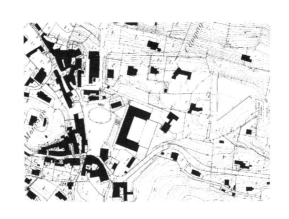

→ 1 总平面
↓ 2 立面装饰

科利诺·德奥罗学校是一所为三个社区服务的中学，它采用了一种庭院式的长方形构型，学校的大门向西面对城市新的三角形广场。瓦基尼的设计中还包括了对紧邻中学的公共空间重新布局的建议。在学校大门的主轴线上，有一块种有树木的椭圆形草坪。

学校的体育馆埋入地下一层，从而在三楼上可以越过其屋顶平台看到景色，该屋顶平台则是学校

↑ 3 全景

↑ 4 庭院

的另一个运动场所。大楼的底层包含了一些公共空间，例如会议室等。

十座正方形的教室围绕着学校的服务部门互相连接在一起，它们的外部都用贴面板加以装饰。学校建筑的结构为现场浇注的钢混凝土框架内部填充不同的板材（包括木板条），精心控制的比例使它既有20世纪的直线形窗户又有意大利府邸的古典传统。合理的设计和优美的细部（例如角隅的设计），把这座普通建筑的品质提高到了非凡的水平。(W. 王)◢

参考文献
⋮
Boga, Thomas, *Tessiner Architekten Bauten, und Projekte 1960-1985*, Zürch, 1986, p. 300.

↑ 5 楼梯间内景

图和照片由 L. 瓦基尼提供

第 **3** 卷

北欧、中欧、东欧

1980—1999

87. 米尔梅基教堂和教区中心

| 地点: 赫尔辛基, 芬兰
| 建筑师: J. 莱维斯凯
| 设计/建造年代: 1980, 1982—1984

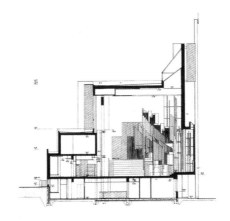

→ 1 剖面 (J. 莱维斯凯提供)
↓ 2 天窗、圣坛和管风琴

沿着一条当地的铁路线, 莱维斯凯协调利用各具特色的墙和支柱, 把米尔梅基教堂和教区中心的轻型砖结构建筑建成了一系列变化多端的内外空间。由这样多姿多彩的建筑构成的教堂与它东面的小桦树林非常相配, 与相邻的几十年前建造的一片砖结构小住宅更是无比协调。

教堂内部设计上有一种像在巴洛克式教堂中才能感受到的幽雅微妙的气氛。这里的采光是间接的, 射入教堂墙壁之间的光线通过木板条和固定百叶窗的遮蔽而散射。教堂的中厅很浅, 大多数教徒都很接近圣坛。唱诗班被安排在一个长廊的上方, 以强调感受圣灵的间接性质。所以, 漫射的光线和回荡的歌声使教堂中的氛围无比庄严和神圣。这座教堂以它独特的建筑形式成为抽象派建筑的一个标志, 它替代了瑞典20世纪60年代建造的一些情调忧

郁的教堂建筑以及勒·柯
布西耶设计的建于朗香的
朝圣教堂（新巴洛克式雕
塑型的建筑）。*(W. 王)*

参考文献
:
Ilonen, Arvi, *An Architectural
Guide to Helsinki*, Helsinki,
1992, p. 175.

↑ 3 朝圣坛墙看的外观

↑ 4 从树林看的全景
← 5 朝管风琴看的内景

除署名者外，其余图和照片由 A.
德拉卡佩勒提供

88. 航空港

地点: 斯坦斯特德，英国
建筑师: N. 福斯特
设计 / 建造年代: 1981，1987—1990

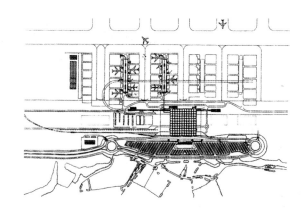

→ 1 候机区总平面
↓ 2 树状结构图和POD

这座候机楼是新一代斯坦斯特德航空港建筑群的一个组成部分，设计时避免了把过多的服务设施（如空调系统等）的荷载加在楼顶结构上。为此，建筑师 N. 福斯特采用了与路易斯·康设计的特伦顿·巴思住宅几何形状相似的结构，主要利用低层结构支撑和容纳服务设施。这样，大楼的框架才能表现为主要的、简洁的构件。

进港和出港的旅客使用同一楼层，因此人行通道伸展到了整个大楼的纵深。在主候机楼与卫星厅之间，有自动人行道运送旅客。候机楼内众多的管道和曲面屋顶使它的结构显得十分复杂而引人注目，尤其是当光线突然从下面照射在它的表面上的时候。

这座候机楼的剖面还具有一个特点：保证在将来需要时可以很容易地扩建并加以延长。(W. 王)

参考文献

"Third London Airport: Stanstead: Terminal Zone", in: *Architecture+Urbanism* (a+u), Tokyo, 1991, pp. 42-128.

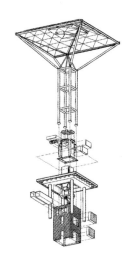

↑ 3 夜晚全景（R. 戴维斯提供）

↑ 4 入口雨罩（G. 丹尼斯提供）
→ 5 树状结构（R. 戴维斯提供）
→ 6 候机区透视

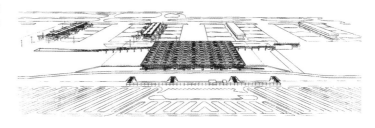

↑ 7 领取行李区（G. 丹尼斯提供）
↓ 8 剖面

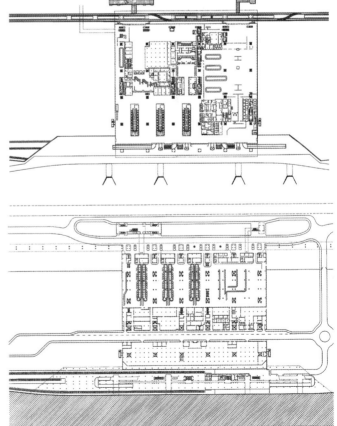

→ 9 天窗（G. 丹尼斯提供）
→ 10 中央大厅平面
→ 11 地下层平面

除署名者外，其余图和照片由福斯
特联合建筑师事务所提供

89. 萨尔察姆特餐厅

地点: 维也纳，奥地利
建筑师: H. 切赫
设计/建造年代: 1981—1983

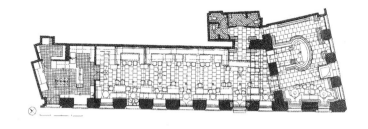

→ 1 底层平面
↓ 2 剖面

在这座被称为现代主义试验室的城市里，H.切赫已经在原有的18世纪和19世纪的建筑群中安插了一些他所设计的餐厅和酒吧，它们的风格只有那些好奇的人才能分辨出来。萨尔察姆特餐厅和酒吧坐落在维也纳内城的前犹太人区，自然地分成前面的酒吧和后面的餐厅。酒吧中有椭圆形的吧台，分成站立区和座位区。直线行列式的餐厅，便于常客在这里会面。面向小巷一侧的餐桌和座位具有隐蔽幽静的优点，这里构筑有凹室以保持相邻餐桌间有足够的距离，同时仔细安排布置餐桌和座位，使客人们能以一种迄今意想不到的方式互相交谈。

门窗凹入处的镜子以一种特殊方式给人以空间扩展的感觉。一排树干形的衣架和球形玻璃灯罩使中央走廊具有鲜明的空间特色。沿中心轴线安装的各式维也纳枝形灯与"包豪斯式"球形灯形成对

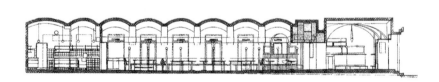

↑ 3 拱顶餐厅

↑ 4 带有户外座椅的入口立面

比，看上去前者比后者在年代上要早许多年。对于一些有眼光的观察者来说，选择这些装饰性极强的灯具不仅是一种时代错误，而且是一种鲁莽的行为。餐桌上方空调管道的喷漆色彩使它们看起来像是木质的，使餐厅的氛围较为自然亲切。

洗手间被巧妙地隐藏在内部的一个角落里，既接近酒吧也接近餐厅，它是建筑设计中一个小而重要的部分。洗手间四个角隅处都装有洗手池，洗手池上方的镜子能清楚地照出对面的一侧，它们可以同时反映出使用者舒心的脸。

总之，这家餐厅和酒吧看起来像是在那里已经开了很长一段时间，它的内部装饰和由先进的电气与机械设备提供的舒适愉快都是顾客所期盼的。对于一位热衷于调查建筑特殊细部的观光客来说，这家餐厅无异可以向他提供他想看到的背景和与他进行有益的交流，例如沿中央走廊的文雅优美的建筑形式或是酒吧中的木扶手与大理石顶部的微妙关系。（W. 王）◢

→ 5 酒吧
→ 6 洗手间

图和照片由 H. 切赫提供

90. 波莱尼文化中心

> 地点：皮耶克赛迈基，芬兰
> 建筑师：K. 古利克森，T. 沃尔马拉，E. 基尔皮厄，A. 于尔海
> 设计/建造年代：1982—1989

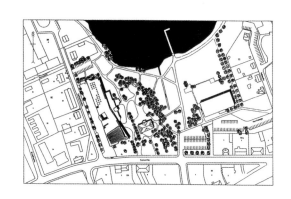

→ 1总平面(K. 古利克森提供)

波莱尼镇的文化中心建在一座公园侧面的边缘上，从主要大街到湖边的景色在这里一览无余。这座文化中心的建筑采取了直线构型，里面包括图书馆、艺术陈列馆、表演厅和餐厅。大楼内的主要空间都面向公园和湖，行政管理部门所在的部位则可以俯瞰城镇的郊区。当来访者穿过一个庭院进入这座大楼时，他们会发现自己是处在一个两层的大厅当中，从这里可以到达各个部门。视线的终点是一座壁炉，在一座公共建筑里能看到这种舒适好客的设施还是极少有的。

这座建筑在总体上是这样布置的：在大门的一侧是一面不加修饰的直墙，上面开有通往庭院的大门；靠公园一侧的墙则略呈柔和的曲线形，它把来访者的注意力巧妙地引向公园和湖。位于图书馆一角上的圆柱形塔楼是专供儿童使用的：建筑师们参照历史小说中的场景在这里营造出了一种举行公众读书会的文化氛围。

这座文化中心还有许多参照历史建筑形式的例子。在这些部位，全部采用白漆涂刷，显示出这些建筑师们把现代主义的经验与整个建筑历史融汇在一起的浓厚兴趣。因此，这座文化中心的建筑是一种包容式构图，将抽象派色彩与较多引用的过去的文学场景都固定于现时之中。(W. 王)◢

↑ 2 从公园看的外观（J. 蒂埃宁摄影室提供）

参考文献
⋮

Norri, Marja-Riitta, Maija Kärk-
käinen, *An Architectural Pres-
ent-7 Approaches*, Helsinki,
1990, pp. 34–36.

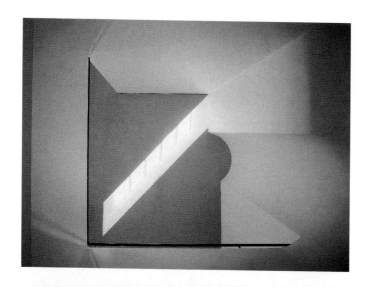

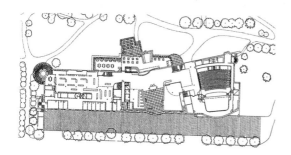

← 3 图书馆（J. 蒂埃宁摄影室提供）

← 4 自助餐厅（R. 西莫提供）

← 5 底层平面（K. 古利克森提供）

← 6 二层平面（K. 古利克森提供）

→ 7 门厅（R. 西莫提供）

↑ 8 从北面看图书馆塔楼（R. 西莫提供）
↑ 9 包括舞台后墙的南立面（R. 西莫提供）
↑ 10 在楼梯间内向天窗看的景观（J. 蒂埃宁摄影室提供）

91. 公寓大楼

|| 地点：巴塞尔，瑞士
|| 建筑师：J. 赫尔佐克和 P. 德默龙
|| 设计/建造年代：1984—1988

这座三层的公寓大楼位于巴塞尔市内的一个街区里，沿着一列长墙排开六个大小略有不同的公寓单元。大楼整体单调的直线性由外部凹进的落地式窗户所抵消，这些凹进的部分形成了各个住宅单元的阳台和露台。顶层上有较多的玻璃窗，并且它的南端露台缩进一段较大的距离。

这座公寓大楼的结构中广泛地采用了栎木材料，从栎木圆柱子到结实的栎木横梁，甚至还有栎木百叶窗，使得这座公寓大楼既在庭院中呈现强烈的表现力，同时大楼立面上宽阔的后退部分又有一种轻巧感，非常适合周围的环境。这种表面与构造要素的平衡也是赫尔佐克和德默龙后来设计的许多建筑的共同特点。

形状微有变化的栎木圆柱子，不仅使这种支撑楼板的构件更具有表现力，而且还具有良好的抵抗弯矩的结构性能。这座公寓大楼各个部分之间均衡的轮廓使它的立面有较高的观赏性，也使这座简朴的建筑显得特别精致。

(W. 王)◢

参考文献
:

Wang, Wilfried, *Herzog & de Meuron*, Basel, 1992, pp. 32-33.

↑ 1 总平面（建筑师提供）

↑ 2 入口立面（M. 斯皮卢蒂尼提供）

← 3 南立面外观（M. 斯皮卢蒂尼
　　提供）

→ 4 法国式门、木百叶窗和阳台的
　　立面（M. 斯皮卢蒂尼提供）

→ 5 北立面外观（M. 斯皮卢蒂尼
　　提供）

92. 艾希施泰特大学新闻系

地点：艾希施泰特，德国
建筑师：K. 沙特纳
设计/建造年代：1985—1987

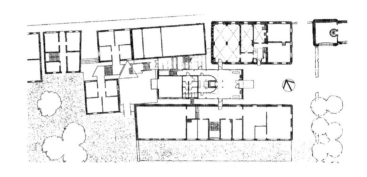

→ 1 总平面/底层平面（K. 沙特纳
　　提供）

　　很少有一个业主与一位建筑师之间的关系像艾希施泰特天主教大学与K.沙特纳的关系那样牢固和富有成效。正因为如此，沙特纳从1957年起就担任了这所大学的总建筑师。在此期间，沙特纳为这所大学设计和建造了许多座教堂、教学楼和辅助建筑，如果不想损害所有这些在同一时期建造起来的建筑的整体感觉，那就很难从其中挑选出一座。

　　就安插在已有建筑中的一个新的项目而言，新闻系的建筑可以作为一个典型，而且它充分利用了原有的地皮而使整个环境改观。新闻系的建筑是两座直线构型的大楼，被安插在大街旁边两座已有建筑的中间，大楼不同的空间用玻璃门廊或桥连接起来。沿大街的大楼代替了原有的一座住宅，大楼里面安置了电视演播室和制作室，大楼的屋顶改为传统的平行于大街而不是垂直于大街。这样，这座大

楼就得以充分展示它的规模，而不是用传统的分割空间的方式把自己隐藏起来。同时，这种决定还便于处理作为系列直线形大楼的新闻系的总体构图。

　　新闻系大楼内有许多精心设计的实用细部，包括漂亮的楼梯和无框的窗户。这两座新闻系大楼引人注目的程度不下于H.比内费尔德和C.斯卡尔帕的作品。(W.王)

参考文献
⋮

Pehnt, Wolfgang, *Karljosef Schattner: Ein Architekt aus Eichstätt*, Stuttgart, 1988, pp. 120-129.

↑ 2 大楼入口

↑ 3 临街外观
← 4 楼梯间
↓ 5 等角投影图（K. 沙特纳提供）

除署名者外，其余照片由基诺尔德提供

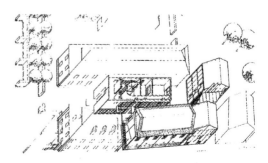

93. 办公大楼

地点：巴塞尔，瑞士
建筑师：迪内尔与迪内尔建筑师事务所
设计 / 建造年代：1986—1988

→ 1 总平面

这座混合使用的办公大楼位于巴塞尔内城的一处开敞的街区端头上，它的特点说明了迪内尔与迪内尔建筑师事务所偏好正规化的建筑形式，善于以一种仔细和精确的态度选用标准的材料和构件。因此，这座钢筋混凝土大楼的外表看起来与周围抹面的住宅建筑十分相似，横向排列的窗户像是在重复着同一条大街沿线的那些现代建筑的立面，斜墙上拼凑的砖填充壁板是处理由建筑场地条件形成的角隅的不得已的办法。

在这座城市清一色建筑的强烈背景之下，这座建筑几乎消失在人们的视线以外。然而，从近处看，当人们走过临街立面时，会发现这座大楼的窗户在展示其精致优美的铜制外观，而且窗户与大楼拐角所形成的两块广告牌（像文丘里设计的那种）的比例非常匀称。挑出的楼层既为建筑地点空间所允许，也显示了迪内尔与迪内尔建筑师事务所深受文丘里的耶鲁大学数学系大楼参赛方案的影响。

（W. 王）

参考文献
⋮

Conconi, Piero & Giovanni Bruschetti, "Diener & Diener: Costruzioni-Progetti-Urbaniz-zazione-Restauri", in: *Revista Technica*, no. 4, Lugano, 1994, pp. 10-13.

↑ 2 外观（L. 克尔提供）

→ 3 全景
→ 4 内景（L. 克尔提供）
→ 5 立面细部（L. 克尔提供）

除署名者外，其余图和照片由迪内
尔与迪内尔建筑师事务所提供

94. 日间托儿所

地点：柏林，德国
建筑师：A. 西萨
设计/建造年代：1986—1988

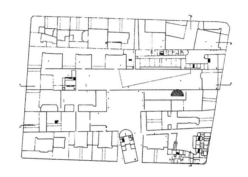

→ 1 总平面

根据国际建筑展览会宣传的城市复兴计划（1984—1987），A. 西萨提出了一项使柏林墙东部边缘的一片支离破碎的城市街区部分完整化的建议。这项建议的内容包括建造一座公寓大楼、一所老年人日托站、一个日间托儿所和完全恢复街区内部的庭院。这项工程的最成功之处在于：用增加一些较小的建筑代替一座大型建筑的办法，实现了一项综合的城市设计。

日间托儿所是这项设计中较为独特的一个项目，它的建造完全依托现有的一座学校建筑的空间，并且部分凸入学校后面的内院。像西萨这个时期所设计的其他建筑一样，这座日间托儿所建筑的立面表现出了一种拟人的特性，与 A. 路斯在半个世纪以前设计的私人住宅十分相似。

在这座日间托儿所建筑中，西萨采用了本地建筑工业生产的传统结构材料：混凝土框架以柏林本地生产的砖贴面，上层结构用拉毛抹面等。这座建筑的窗户受到了有效的控制，以保证它们的轮廓最小，从而使这个日间托儿所在整体上给人一种简洁的感觉。（W. 王）◢

参考文献

dos Santos, José Paulo, *Alvaro Siza: Works and Projects 1954-1992*, Barcelona, 1993, pp. 242-245.

↑ 2 临街立面外观

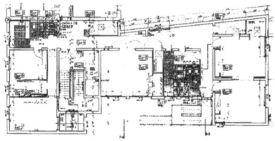

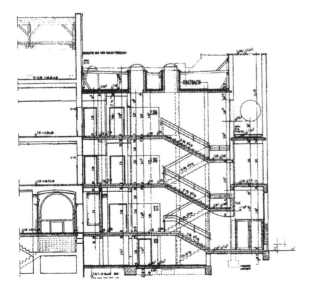

↑ 3 开敞窗户的走廊
← 4 三层平面
← 5 剖面

图和照片由 U. 劳提供

95. 布劳恩工厂

地点： 梅尔松根，德国
建筑师： J. 斯特林，M. 威尔福德和 W. 纳格利
设计／建造年代： 1986—1992

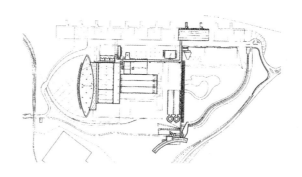

→ 1 顶层平面
↓ 2 剖面

布劳恩工厂是德国一家重要的医疗用品制造商，它通过一次规模不大的设计竞赛要求在一片草地上建造一套复杂、灵活和可扩展的大型厂房。具有各种卫生要求的塑料医疗产品生产厂房形成了整个建筑群的一条直线形的边缘，与它两边相连的分别是内部临时供应厂房和包装运输厂房。为工人和管理人员使用的大量设施，从停车场、办公室、自助餐厅到更衣室等建筑，在设计时采用了一些堪称典范的独特构件。

这些厂房的设计代表了各种建筑类型的精华，便于识别和扩展。它们被仔细地布置在一片起伏的场地上，其中曲线形的办公大楼处在一个最明显的位置上，从而成为横跨这

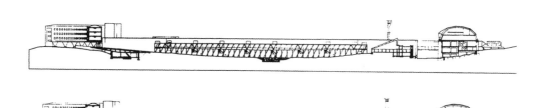

↑ 3 外观（B. 德斯蒙德提供）

座山谷的一个方向标。建筑底层的圆锥形支柱作为这项设计综合考虑了结构与造型的例子，它们既有几何造型优美的特点，又能减少支柱的数量。属于这一类的例子还有连接着行政管理大楼、停车场和生产区的木桥，它在设计中起着脊梁的作用。

这座工厂是一个设计十分出色的大型建筑群，从总体概念到装修的选择都是由一个建筑师事务所完成的，而且他们没有倒退到早期现代主义的一体化设计战略上去。（W.王）◢

Nägeli, Walter, and Renzo Vallebuona, "Factory Complex, Melsungen", in: 9H, no. 9, New York, 1995, pp. 193-217.

→ 4 外观（F. 冯莫拉德提供）
→ 5 外观（B. 德斯蒙德提供）

96. 美术馆

> 地点: 鹿特丹，荷兰
> 建筑师: 大都会建筑师事务所（OMA）
> 设计/建造年代: 1988，1990—1992

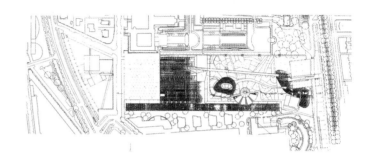

→ 1 总平面（H. 韦勒曼提供）
↓ 2 二层平面（大都会建筑师事务所提供）

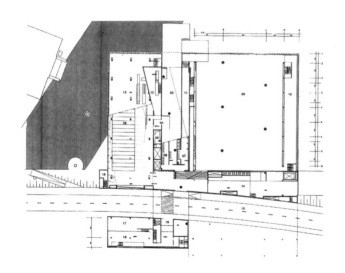

这座专门用来展览当代艺术品的美术馆，一个侧面对着鹿特丹的主要大街西泽代克大街，另一侧是博物馆公园。它有许多横向入口和服务通道，其中一条贯通建筑物，其方式令人想到勒·柯布西耶为哈佛大学设计的卡彭特中心。来自博物馆公园方向的主要道路连接着一条坡道，它完成了一系列演奏厅、画廊和咖啡馆的空间转换。在内部和外部通道旁，排列着许多单个的

↑ 3 外观夜景（H. 韦勒曼提供）

隔间，它们相互重叠和面
对面并列，使人们的视觉
体验按顺序展开。

与这种抽象派的空间
拼接手法相一致，材料的
选择和装饰细部上也强调
雕塑性的构图。例如在主
画廊里，支撑着顶棚的像
是带皮的树干，虽然主要
结构还是由混凝土和钢构
成的。另外，这里还采用
了多种低成本的、现场制
作的部件。

这座美术馆建筑的
简洁构型与横跨博物馆公
园的荷兰建筑博物馆遥相
呼应，后者是库尔哈斯和
他的同事们设计的。(W.
王)◢

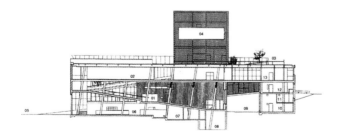

↑ 4 礼堂和楼梯（H. 韦勒曼提供）
↑ 5 剖面（大都会建筑师事务所提供）

↑ 6 展览厅（H. 韦勒曼提供）

↑ 7 外观夜景（H. 韦勒曼提供）

↑ 8 参观通道（H. 韦勒曼提供）

↑ 9 楼梯间（H. 韦勒曼提供）

97. 犹太人博物馆

地点: 柏林, 德国
建筑师: D. 利贝斯金德
设计 / 建造年代: 1989, 1991—1998

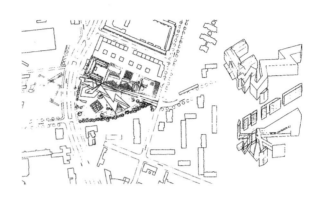

→ 1 总平面和等角投影图

犹太人博物馆是记录城市地方志的柏林博物馆的扩建部分, 扩建的建筑与原来柏林博物馆晚期巴洛克式意大利建筑的形式截然不同。从外部看, 这座犹太人博物馆是几个不同的直线构型以锯齿形的方式组成的一座独立的建筑。它具有的隐喻象征, 既有迸发的闪电, 又有大卫王之星的砸碎片断。在地下室的内部, 以倾斜的表面隐喻集中营里幽闭的恐怖。博物馆的内部隔间里, 有几间空无一物, 这种毫无主题的建筑表现手法是要让人联想起对犹太人的大屠杀。

博物馆上面几层的陈列室都是直线形的空间, 中间偶尔穿插一些空无一物的隔间。整座建筑内各层的高度一致, 其中四层

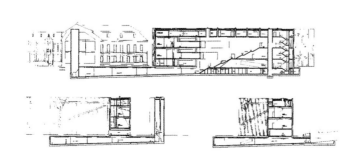

← 2 剖面 / 立面

↑ 3 全景

是陈列室，顶层是管理部门。博物馆外部的景色是由一座"流亡的花园"来完成构图的。

这座犹太人博物馆的建筑采用钢筋混凝土结构，空无一物的隔间让结构暴露在外，其余隔间的外部用立缝薄金属板贴面。博物馆窗户的构图表现的是博物馆所展示的历史中隐含的那种令人躁动不安的暴力和能量。（W. 王）

参考文献

Fischer, Volker, "Jüdisches Museum Berlin", in: *Architektur Jahrbuch*, Wilfried Wang et al. ed., Munich, 1998, pp. 114-121.

→ 4 侧面外观
→ 5 保罗·塞兰（Paul Celan）厅
→ 6 穿过隔间的剖面

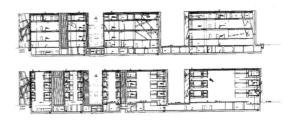

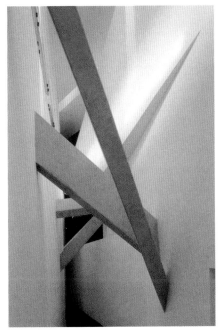

← 7 隔间
↑ 8 细部
↑ 9 保罗·塞兰厅的窗户细部
→ 10 展室
→ 11 展室

图和照片由 D. 利贝斯金德、比特和布雷特提供

98. 孔吉温塔雕塑陈列馆

地点：焦尔尼科，瑞士
建筑师：P. 马尔克利
设计/建造年代：1990—1993

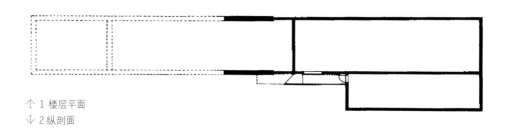

↑ 1 楼层平面
↓ 2 纵剖面

孔吉温塔是一座收藏雕塑家 H. 约瑟夫松创作的浮雕和人体雕像的建筑风格内向的陈列馆，它位于一座葡萄庄园的边缘，顺着山谷的方向建造。整个陈列馆的布局分成四个部分：三个部分排成一线，一个部分接在旁边。这座陈列馆不仅在简洁的整体外形上，而且在它所砌筑的酷似石板的钢筋混凝土预制构件上，都与一座罗马风教堂十分相像。

作为一座并不孤立的建筑，这座陈列馆外表的原始自然状态，其初步的表面装修，与展出的具有现代特色的青铜铸件形成一种平衡。来自屋顶天窗的光线均匀地布满在墙壁的表面上。陈列馆内的空间是按从雕塑家创作的浮雕到比较立体的造型的次序排列的，因此最后的

四个侧面的房间（或陈列室）展示的是三维雕塑作品的最高潮。（W. 王）◢

参考文献
⋮
Märkli, Peter, "La Congiun-ta", in: 9H, no. 9, Rosamund Diamond & Wilfried Wang ed., New York, 1995, pp. 260-265.

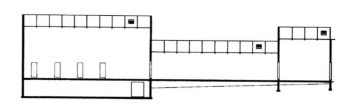

↑ 3 外观

99. 艺术与建筑学院

> 地点：马斯特里赫特，荷兰
> 建筑师：W. 阿雷茨
> 设计／建造年代：1990—1993

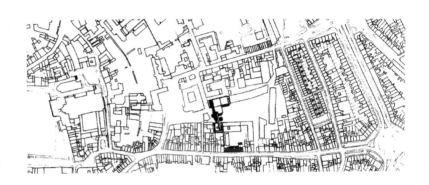

→ 1 总平面

作为学院建筑群的扩建工程，一座艺术工作室大楼和一座教学大楼被安插在了马斯特里赫特内城已经十分拥挤的建筑当中，两座大楼之间用一座人行桥连接。一座容纳礼堂、图书馆和酒吧的大楼与原有的主楼相连，另一座则容纳艺术工作室和工场。紧邻后一座大楼的是一个下沉式雕塑庭院。

大楼的外部采用带玻璃砖的钢筋混凝土网格结构，偶尔出现一些透明的可以打开的窗户。大楼内部的装饰低调柔和，其欣赏价值被大楼使用者占据的真实空间和家具超过了。在20世纪90年代末，荷兰正在盛行抽象派极简艺术的气氛，而这所寄宿制学院却是如此戏剧性地不同和充满了生命的活力。大楼内的这种生活气息部分地由于主要的内部通道设计而获得了加强，其意图在于鼓励和促进大楼内不同使用者集团之间的交流。

↓ 2 礼堂

↑ 3 外观夜景

阿雷茨所热衷的精确建筑构造在整个20世纪后几十年十分普遍，一闭上眼睛这种建筑的形象就会再次出现在眼前。就像在现代主义全盛时期所看到的那些建筑一样，艺术与建筑学院因展示了在使用者的相对自主性与他们所占用空间之间的复杂关系而令人难忘。（W. 王）◢

参考文献
:
van Toorn, Roemer, "Living in Architectural Rituals", in: *Archis*, no. 11, Rotterdam, 1993, pp. 17-27.

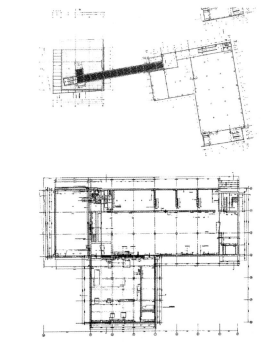

↳ 4 三层平面
↳ 5 地下室平面
↳ 6 中央坡道
↓ 7 剖面

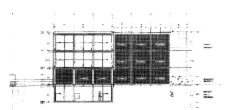

↑ 8走廊

图和照片由 K. 斯瓦茨提供

100. 滑铁卢国际列车终点站

地点：伦敦，英国
建筑师：N. 格里姆肖联合建筑师事务所
设计 / 建造年代：1990—1993

　　滑铁卢国际列车终点站是泰晤士河以南的爱德华车站的扩建部分。这座连接欧洲大陆的国际高速列车的终点站，应该当作英国工程史上的一项丰功伟绩加以庆祝，它与无个性的钢铁和玻璃的原车站大棚形成了鲜明对比。新终点站是沿着原车站北部边缘的曲线形轮廓修建的，由于新型列车比较长，所以要求有加长的站台。海关和护照检查设在较低的临街层，在原有的车站顶部的下面。

　　看不见的新车站大厅被玻璃和钢构成的拱形屋顶所遮蔽，它和站台一样

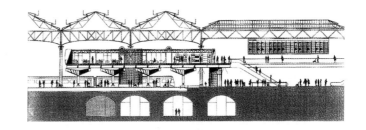

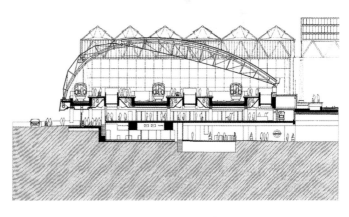

↑ 1 剖面（格里姆肖联合建筑师事务所提供）

具有弯曲的轮廓。上部或下部的构件都采用三角形桁架加强。虽然横跨三座站台的仍然是传统的门式框架，但是选择了比较欢快的形式，因而比简单的结构更有表现力。

英国铁路部门从整体上预测要在泰晤士河北侧再建造一个终点站，这样就可以缩短横跨海峡列车的后部与终点站本身之间令人感到不快的距离。

（W. 王）◢

参考文献

Davey, Peter, "Waterloo International", in: *Architectural Review*, no. 9, London, 1993, pp. 24-99.

← 2 屋顶夜景（创意咨询公司提供）
↑ 3 大厅（R. 乔和 J. 佩克提供）
↑ 4 拱形屋顶（R. 乔和 J. 佩克提供）

英中建筑项目对照

<hr>

1. The Stock Exchange, Amsterdam, Netherlands, arch. Hendrik P. Berlage
2. House of the People, Brussels, Belgium, arch. Victor Horta
3. Glasgow School of Art, Glasgow, Scotland, West Wing arch. Charles Rennie Mackintosh
4. Ernst Ludwig House, Darmstadt, Germany, arch. Josef Maria Olbrich
5. Hvitträsk House, Kikkonummi, Finland, arch. H. Gesellius, A. Lindgren, E. Saarinen
6. St. John's Cathedral, Tampere, Finland, arch. Lars Sonck
7. Town Hall, Stockholm, Sweden, arch. Ragnar Östberg
8. Post Office Savings Bank, Vienna, Austria, arch. Otto Wagner
9. Railway Station, Helsinki, Finland, arch. Eliel Saarinen
10. Balasz Villa, Budapest, Hungary, arch. Ödon Lechner
11. Palais Stoclet, Brussels, Belgium, arch. Josef Hoffmann
12. AEG Factory, Berlin, Germany, arch. Peter Behrens
13. Émile Jaques-Dalcroze Institute for Rhythmic Gymnastics, Hellerau, Germany, arch. Heinrich Tessenow
14. Fagus Works, Alfeld, Germany, arch.

1. 证券交易所，阿姆斯特丹，荷兰，建筑师：H. P. 贝尔拉格
2. 人民之家，布鲁塞尔，比利时，建筑师：V. 霍尔塔
3. 格拉斯哥艺术学校，格拉斯哥，英国，建筑师：C. R. 麦金托什
4. E. 路德维希住宅，达姆施塔特，德国，建筑师：J. M. 奥尔布里希
5. 维特雷斯克住宅，基科努米，芬兰，建筑师：H. 盖塞柳斯，A. 林德格伦，E. 沙里宁
6. 圣约翰主教堂，坦佩雷，芬兰，建筑师：L. 松克
7. 市政厅，斯德哥尔摩，瑞典，建筑师：R. 奥斯特伯格
8. 邮政储蓄银行，维也纳，奥地利，建筑师：O. 瓦格纳
9. 火车站，赫尔辛基，芬兰，建筑师：E. 沙里宁
10. 鲍洛斯别墅，布达佩斯，匈牙利，建筑师：O. 莱奇奈尔
11. 斯托克莱宫，布鲁塞尔，比利时，建筑师：J. 霍夫曼
12. AEG 汽轮机工厂，柏林，德国，建筑师：P. 贝伦斯
13. 埃米尔 . 雅奎斯 - 达尔克罗策韵律体操学院，黑莱劳，德国，建筑师：H. 泰斯诺
14. 法古斯工厂，阿尔费尔德，德国，建筑师：W.

Walter Gropius，Adolf Meyer

15. Chemical Factory，Luban，Poland，arch. Hans Poelzig

16. Centennial Hall，Wroclaw，Poland，arch. Max Berg

17. Hodek's Apartment，Prague，Czech Republic，arch. Josef Chochol

18. Town Hall Conversion and Extension，Göteborg，Sweden arch. Erik Gunnar Asplund

19. The Woodland Cemetery，Stockholm，Sweden，arch. Erik Gunnar Asplund and Sigurd Lewerentz

20. Eigen Haard Housing Estate，Amsterdam，Netherlands，arch. Michel de Klerk

21. Einstein Tower，Potsdam，Germany，arch. Erich Mendelsohn

22. Hradčine，Prague，Czech Republic，arch Jose Plečnik

23. Garkau Farm，Garkau，Germany，arch. Hugo Häring

24. Schröder House，Utrecht，Netherlands，arch. Gerrit Rietveld

25. Town Hall，Hilversum，Netherlands，arch. Willem Marinus Dudok

26. Hufeisen-Settlement，Berlin，Germany，arch. Bruno Taut

27. Bauhaus，Dessau，Germany，arch. Walter Gropius

28. Weissenhof Settlement，Stuttgart，Germany， arch. Ludwig Mies van der Rohe

29. Kiefhoeck Housing Estate，Rotterdam，Netherlands，arch. Jacobus Johannes Pieter Oud

30. Zonnestraal Sanatorium，Hilversum，Netherlands，arch. Johannes Duiker

31. Karl-Marx-Hof-Housing，Vienna，Austria，arch. Karl Ehn

32. St. Antonius，Basel，Switzerland，arch. Karl Moser

33. Hotel Avion，Brno，Czech Republic，arch.

格罗皮乌斯，A. 迈耶

15. 卢班化工厂，卢班，波兰，建筑师：H. 珀尔齐希

16. 世纪纪念堂，弗罗茨瓦夫，波兰，建筑师：M. 伯格

17. 霍德克公寓，布拉格，捷克，建筑师：J. 肖科尔

18. 市政厅改建和扩建工程，哥德堡，瑞典，建筑师：E. G. 阿斯普伦德

19. 林地公墓，斯德哥尔摩，瑞典，建筑师：E. G. 阿斯普伦德和 S. 莱韦伦茨

20. 艾亨哈德住宅区，阿姆斯特丹，荷兰，建筑师：M. 德克莱克

21. 爱因斯坦塔楼，波茨坦，德国，建筑师：E. 门德尔松

22. 赫拉德齐内城堡，布拉格，捷克，建筑师：J. 普莱茨尼克

23. 加尔考农场，加尔考，德国，建筑师：H. 黑林

24. 施罗德住宅，乌德勒支，荷兰，建筑师：G. 里特费尔德

25. 市政厅，希尔弗瑟姆，荷兰，建筑师：W. M. 杜多克

26. 马蹄形住宅区，柏林，德国，建筑师：B. 陶特

27. 包豪斯校舍，德绍，德国，建筑师：W. 格罗皮乌斯

28. 魏森霍夫住宅区，斯图加特，德国，建筑师：L. 密斯·凡·德·罗

29. 基夫胡克住宅区，鹿特丹，荷兰，建筑师：J. J. P. 奥德

30. 宗纳斯特拉尔疗养院，希尔弗瑟姆，荷兰，建筑师：J. 杜伊克尔

31. 卡尔 - 马克斯 - 霍夫住宅区，维也纳，奥地利，建筑师：K. 恩

32. 圣安东尼厄斯教堂，巴塞尔，瑞士，建筑师：K. 莫泽

33. 阿维翁旅馆，布尔诺，捷克，建筑师：B. 富

Bohuslav Fuchs

34. Römerstadt Settlement Estate, Frankfurt, Germany,arch. Ernst May et al.

35. Van Nelle Factory, Rotterdam, Netherlands, arch. Michiel Brinkman et al.

36. Victorius Mother of God Votive Church of Saint Roch Parish, Biatystok, Poland, arch. Oskar Sosnowski

37. Müller House, Prague, Czech Republic, arch. Adolf Loos

38. Open Air School, Amsterdam, Netherlands, arch. Johannes Duiker

39. Federal School of the General German Trade Unions, Bernau, Germany, arch. Hannes Meyer and Hans Wittwer

40. Tugendhat House, Brno, Czech Republic, arch. Ludwig Mies van der Rohe

41. Machnac Sanatorium, Trencianske Teplice, Slovakia, arch. Jaromir Krejcar

42. Dr. Beer House, Vienna, Austria, arch. Josef Frank, Oskar Wlach and Oskar Wlach

43. Colonnade Bridge. Piešt'any, Slovakia, arch. Emil Belluš

44. Dammann House, Oslo, Norway, arch. Arne Korsmo

45. Boots'Factory,Nottingham,England,arch. E. Owen Williams

46. Aarhus University, Aarhus, Denmark, arch. Kay Fisker, C. F. MØller and Povl Stegmann

47. Schwandbach Bridge, Hinterfultigen, Switzerland, eng. Robert Maillart

48. The Bellavista Housing Estate and the Bellevue Theater, Copenhagen, Denmark, arch. Arne Jacobsen

49. Schunck Department Store, Heerlen, Netherlands, arch. F. P. Josephus Peutz

50. Highpoint One, London, England, arch. Berthold Lubetkin

51. Town Planning, Zlin, Czech Republic, arch. Frantisek Lydie Gahura and Vladimir Karfik

赫斯

34. 勒默施塔特住宅区，法兰克福，德国，建筑师：E. 梅，H. 伯姆，W. 班格特

35. 范内莱工厂，鹿特丹，荷兰，建筑师：M. 布林克曼，L. C. 范德弗吕赫特，M. 斯塔姆

36. 圣罗西教区胜利的上帝之母教堂，比亚韦斯托克，波兰，建筑师：O. 索斯诺夫斯基

37. 米勒住宅，布拉格，捷克，建筑师：A.路斯

38. 露天学校，阿姆斯特丹，荷兰，建筑师：J. 杜伊克尔

39. 德国工会联盟学校，贝尔瑙，德国，建筑师：H. 迈耶，H. 维特纳

40. 图根哈特别墅，布尔诺，捷克，建筑师：L. 密斯·凡·德·罗

41. 马赫纳茨疗养院，特伦钦斯克 - 特普利采，斯洛伐克，建筑师：J. 克赖察尔

42. 贝尔博士住宅，维也纳，奥地利，建筑师：J. 弗兰克，O. 弗拉赫

43. 措洛纳德大桥，皮耶什佳尼，斯洛伐克，建筑师：E. 贝吕斯

44. 达曼住宅，奥斯陆，挪威，建筑师：A. 科斯莫

45. 布茨工厂，诺丁汉，英国，建筑师：E. O. 威廉斯

46. 奥胡斯大学，奥胡斯，丹麦，建筑师：K. 菲斯克尔，C. F. 默勒和 P. 斯特格曼

47. 施万德河大桥，欣特富尔蒂根，瑞士，工程师：R. 梅拉特

48. 贝拉维斯塔住宅区和贝尔维剧院，哥本哈根，丹麦，建筑师：A. 雅各布森

49. 欣克百货商店，海尔伦，荷兰，建筑师：F. P. J. 珀茨

50. 海波因特一号公寓，伦敦，英国，建筑师：B. 卢贝特金

51. 兹林城市规划，兹林，捷克，建筑师：F. L. 加胡拉和 V. 卡尔菲克

52. Locomotive Factory, Malaxa, Bucharest, Romania, arch. Horia Creangă

53. Municipal Court Building, Warsaw, Poland, arch. Bohdan Pniewski

54. Copenhagen Airport, Kastrup, Denmark, arch. Vilhelm Lauritzen

55. Workers' Association, Oslo (Norway), arch. Ove Bang

56. Villa Mairea, Noormarkku, Finland, arch. Alvar Aalto

57. Resurrection Chapel, Turku, Finland, arch. Erik Bryggman

58. Stühmer Factory, Budapest, Hungary, arch. Olgyay & Olgyay

59. Central Department Store, Warsaw, Poland, arch. Zbigniew Ihnatowicz et al

60. Reconstruction of the Alte Pinakothek, Munich, Germany, arch. Hans Döllgast

61. Säynätsalo Town Hall, Säynätsalo, Finland, arch. Alvar Aalto

62. St. Anna's Church, Düren, Germany, arch. Rudolf Schwarz

63. Hochschule für Gestaltung, Ulm, Germany, arch. Max Bill

64. Otaniemi University Chapel, Helsinki, Finland, arch. Kaija & Heikki Siren

65. Halen Settlement, Bern, Switzerland, arch. Atelier 5

66. The Philharmonie, Berlin, Germany, arch. Hans Scharoun

67. Orphanage, Amsterdam, Netherlands, arch. Aldo van Eyck

68. Luisiana Museum, Humlebaek, Denmark, arch. JØrgen Bo & Vilhelm Wohlert

69. St. Petri Church, Klippan, Sweden, arch. Sigurd Lewerentz

70. New National Gallery, Berlin, Germany, arch. Ludwig Mies van der Rohe

71. Crematorium and Urn Grove, Bratislava, Slovakia, arch. Ferdinand Milucky

72. Hafsteinhüs-House at Bakkaflöt, Gardahreppur,

52. 马拉克萨机车车辆厂，布加勒斯特，罗马尼亚，建筑师：H. 克雷安加

53. 市法院大楼，华沙，波兰，建筑师：B. 普涅夫斯基

54. 哥本哈根航空港候机楼，凯斯楚普，丹麦，建筑师：V. 劳里岑

55. 工人联合会大楼，奥斯陆，挪威，建筑师：O. 邦

56. 玛丽亚别墅，诺尔马库，芬兰，建筑师：A. 阿尔托

57. 复活小教堂，图尔库，芬兰，建筑师：E. 布吕格曼

58. 施图迈工厂，布达佩斯，匈牙利，建筑师：欧尔焦伊兄弟

59. 中央百货商店，华沙，波兰，建筑师：I. 兹比格涅夫，R. 兹比格涅夫

60. 老绘画陈列馆重建工程，慕尼黑，德国，建筑师：H. 德尔加斯特

61. 赛于奈察洛市政厅，赛于奈察洛，芬兰，建筑师：A. 阿尔托

62. 圣安娜教堂，迪伦，德国，建筑师：R. 施瓦茨

63. 造型设计大学，乌尔姆，德国，建筑师：M. 比尔

64. 奥塔涅米大学附属小教堂，赫尔辛基，芬兰，建筑师：K. 西伦和 H. 西伦

65. 哈伦住宅区，伯尔尼，瑞士，建筑师：第 5 工作室

66. 柏林爱乐音乐厅，柏林，德国，建筑师：H. 夏隆

67. 孤儿院，阿姆斯特丹，荷兰，建筑师：A. 范艾克

68. 路易斯安纳博物馆，胡姆勒拜克，丹麦，建筑师：J. 博和 V. 沃勒特

69. 圣彼得里教堂，克利潘，瑞典，建筑师：S. 莱韦伦茨

70. 柏林新国家画廊，柏林，德国，建筑师：L. 密斯·凡·德·罗

71. 火葬场和骨灰墓园，布拉迪斯拉发，斯洛伐克，建筑师：F. 米卢茨基

72. 巴卡湾哈夫斯坦住宅，加达赫里普，冰岛，

Iceland，arch.Högna Sigurdardottir-Anspach

73. Olympic Stadium,Munich，Germany，arch Günther Behnisch with Frei Otto and Leonhardt+André

74. St. Willibrord. Waldweiler, Germany, arch. Heinz Bienefeld

75. Byker Housing，Newcastle-upon-Tyne，England，arch. Ralph Erskine

76. Hedmark Cathedral Museum，Hamar，Norway，arch. Sverre Fehn

77. Medical Faculty，Woluvé-St. Lambert，La Mémé，Brussels，Belgium，arch.Lucien Kroll

78. Kulturhuset-Cultural Center，Stockholm，Sweden，arch. Peter Celsing

79. Central Beheer Headquarters，Apeldoorn，Netherlands，arch. Herman Hertzberger

80. Bianchi House, Riva San Vitale, Switzerland, arch. Mario Botta

81. Municipal Museum，Mönchengladbach，Germany，arch. Hans Hollein

82. New Parliament，Bonn， Germany，arch. Günther Behnisch

83. Our Lady of Mount Carmel Church, Firhouse, Ireland，arch. Shane de Blacam and John Meagher

84. Urban Revitalization of Monte Carasso，Ticino，Switzerland，since arch. Luigi Snozzi

85. Extension of the Staatsgalerie，Stuttgart，Germany，arch. Stirling & Wilford

86. Collino d' Oro School, Montagnola, Switzerland，arch. Livio Vacchini

87. Myyrmäki Church and Parish Center，Helsinki，Finland，arch. Juha Leiviskä

88. Airport，Stansted，England，arch. Norman Foster

89. Salzamt Restaurant，Vienna，Austria，arch. Hermann Czech

90. Poleeni Cultural Center, Pieksämäki,Finland, arch. Kristian Gullichsen et al.

91. HebelstraBe Apartment Building，Basel，

建筑师：H. 西于尔扎多蒂 - 安斯帕克

73. 奥林匹克运动场，慕尼黑，德国，建筑师：G. 贝尼施以及 F. 奥托和莱昂哈特 + 安德烈

74. 圣威利布罗德教堂，瓦尔德魏勒，德国，建筑师：H. 比内费尔德

75. 拜克住宅区，纽卡斯尔，英国，建筑师：R. 厄斯金

76. 海德马克大教堂博物馆，哈马尔，挪威，建筑师：S. 费恩

77. 沃吕沃 - 圣朗贝尔大学医学系，勒芬，比利时，建筑师：L. 克罗尔

78. 文化中心，斯德哥尔摩，瑞典，建筑师：P. 塞尔辛

79. 中央贝赫尔保险公司总部大楼，阿珀尔多伦，荷兰，建筑师：H. 赫茨贝格尔

80. 比安希住宅，圣维塔莱河村，瑞士，建筑师：M. 博塔

81. 市博物馆，门兴格拉德巴赫，德国，建筑师：H. 霍莱因

82. 新议会大厦，波恩，德国，建筑师：G. 贝尼施

83. 芒特卡梅尔圣母教堂，菲尔豪斯，爱尔兰，建筑师：S. 德布拉坎和 J. 马尔

84. 蒙特卡拉索城市复兴规划，提契诺，瑞士，建筑师：L. 斯诺齐

85. 斯图加特国家画廊扩建工程，斯图加特，德国，建筑师：J. 斯特林和 M. 威尔福德

86. 科利诺 . 德奥罗学校，蒙塔格诺拉，瑞士，建筑师：L. 瓦基尼

87. 米尔梅基教堂和教区中心，赫尔辛基，芬兰，建筑师：J. 莱维斯凯

88. 航空港，斯坦斯特德，英国，建筑师：N. 福斯特

89. 萨尔察姆特餐厅，维也纳，奥地利，建筑师：H. 切赫

90. 波莱尼文化中心，皮耶克赛迈基，芬兰，建筑师：K. 古利克森，T. 沃尔马拉，E. 基尔皮厄，A. 于尔海

91. 公寓大楼，巴塞尔，瑞士，建筑师：J. 赫尔

Switzerland, arch. Jacques Herzog and
Pierre de Meuron

92. Faculty of Journalism, Eichstätt University,
Eichstätt, Germany, arch. Karljosef Schattner

93. HochstraBe Office Building, Basel,
Switzerland, arch. Diener & Diener

94. Children's Day Care, Berlin, Germany,
arch. Alvaro Siza

95. Braun Factory, Melsungen, Germany,
arch. James Stirling et al.

96. Kunsthall, Rotterdam, Netherlands, arch.
OMA

97. Jewish Museum, Berlin, Germany, arch.
Daniel Libeskind

98. La Congiunta, Giornico, Switzerland,
arch. Peter Märkli

99. Academy of Arts and Architecture, Maastricht,
Netherlands, arch. Wiel Arets

100. Waterloo International Terminal, London,
England, arch. Nicholas Grimshaw & Partners

佐克和 P. 德默龙

92. 艾希施泰特大学新闻系，艾希施泰特，德国，
建筑师：K. 沙特纳

93. 办公大楼，巴塞尔，瑞士，建筑师：迪内尔
与迪内尔建筑师事务所

94. 日间托儿所，柏林，德国，建筑师：A. 西萨

95. 布劳恩工厂，梅尔松根，德国，建筑师：J.
斯特林，M. 威尔福德和 W. 纳格利

96. 美术馆，鹿特丹，荷兰，建筑师：大都会建
筑师事务所（OMA）

97. 犹太人博物馆，柏林，德国，建筑师：D. 利
贝斯金德

98. 孔吉温塔雕塑陈列馆，焦尔尼科，瑞士，建
筑师：P. 马尔克利

99. 艺术与建筑学院，马斯特里赫特，荷兰，建
筑师：W. 阿雷茨

100. 滑铁卢国际列车终点站，伦敦，英国，建筑
师：N. 格里姆肖联合建筑师事务所

后 记

张钦楠

本丛书是中国建筑学会为配合1999年在中国北京举行第20次世界建筑师大会而编辑，聘请美国哥伦比亚大学建筑系教授K.弗兰姆普敦为总主编，中国建筑学会副理事长张钦楠为副总主编，按全球"十区五期千项"的原则聘请12位国际知名建筑专家为各卷编辑以及80余名各国建筑师为各卷评论员，通过投票程序选出20世纪全球有代表性的建筑1000项，以图文结合的方式分别介绍。每卷由本卷编辑撰写综合评论，评述本地区建筑在20世纪的演变与成就，并由评论员分工对所选项目各作几百字的单项文字评述，与精选图照配合。中国方面聘请关肇邺、郑时龄、刘开济、罗小未、张祖刚、吴耀东等为编委配合编成。

中国建筑工业出版社于1999年对此项目在人力、财力、物力方面积极投入，以王伯扬、张惠珍、董苏华、黄居正等编辑负责，与奥地利斯普林格出版社紧密合作，共同出版了中文、英文的十卷本精装版。丛书首版面世后，曾获得国际建筑师协会（UIA）屈米建筑理论和教育荣誉奖、国际建筑评论家协会（CICA）荣誉奖以及我国全国科技一等奖和中国出版政府奖提名奖。

国际建筑评论家协会（CICA）对本丛书的评论是："这部十卷本的作品是对全世界当代建筑的范围广阔的研究，把大量的实例收集在一起。由中国建筑学会发起，很多人提供了评论文字。它提供了一项可持久的记录，并以其多样性、质量、全面性受到嘉奖。这确实是一项给人印象深刻的成就。"

　　按照原协议及计划，这套丛书在精装本出版后，将继续出版普及的平装本，但由于各种客观原因，未能实现。

　　众所周知，20世纪世界建筑发生了由传统转为现代的巨大改变，其历史意义远超过了一个世纪的历史记录，生活·读书·新知三联书店有鉴于本丛书的持久文化价值，决定出版中文普及版。此次中文普及版，是在尊重原版的基础上，做了适当的加工与修订，但原"十区"名称中有个别与现今名称不同，保留原貌，以呈现历史真实。此次全面修订出版时，原书名《20世纪世界建筑精品集锦》改为《20世纪世界建筑精品1000件》。希以更好的面目供我国建筑师、建筑学界的师生、广大文化界人士来阅读、保存与参考。

2019年8月29日

图书在版编目（CIP）数据

20世纪世界建筑精品1000件. 第3卷，北欧、中欧、西欧／（美）K.弗兰姆普敦总主编；（德）W.王，（德）H.库索利茨赫本卷主编；英若聪，强十浩译. —北京：生活·读书·新知三联书店，2020.9
ISBN 978-7-108-06777-7

Ⅰ. ① 2… Ⅱ. ① K… ② W… ③ H… ④ 英… ⑤ 强… Ⅲ. ① 建筑设计-作品集-世界-现代
Ⅳ. ① TU206

中国版本图书馆 CIP 数据核字（2020）第 139190 号

责任编辑	唐明星　胡群英
装帧设计	刘　洋
责任校对	曹秋月
责任印制	宋　家
出版发行	**生活·讀書·新知** 三联书店
	（北京市东城区美术馆东街 22 号 100010）
网　　址	www.sdxjpc.com
经　　销	新华书店
印　　刷	北京图文天地制版印刷有限公司
版　　次	2020 年 9 月北京第 1 版
	2020 年 9 月北京第 1 次印刷
开　　本	720 毫米 × 1000 毫米　1/16　印张 25.25
字　　数	100 千字　图 607 幅
印　　数	0,001－3,000 册
定　　价	198.00 元

（印装查询：01064002715；邮购查询：01084010542）